bon temps 風格生活×美好時光

烤箱出好菜

172 道家常飯菜・極品料理・人氣烘焙・特殊風味
運用烤箱多功能輕鬆上菜

作　　　者	李美敬
譯　　　者	林芳仔
主　　　編	曹　慧
美術設計	三人制創
社　　　長	郭重興
發行人兼出版總監	曾大福
總　編　輯	曹　慧
編輯出版	奇光出版
	E-mail: lumieres@bookrep.com.tw
	部落格：http://lumieresino.pixnet.net/blog
	粉絲團：https://www.facebook.com/lumierespublishing
發　　　行	遠足文化事業股份有限公司
	http://www.bookrep.com.tw
	23141 新北市新店區民權路 108-4 號 8 樓
	客服專線：0800-221029 傳真：（02）86671065
	郵撥帳號：19504465 戶名：遠足文化事業股份有限公司
法律顧問	華洋法律事務所　蘇文生律師
印　　　製	成陽印刷股份有限公司
初版一刷	2016 年 1 月
初版五刷	2018 年 3 月 6 日
定　　　價	380 元

國家圖書館出版品預行編目（CIP）資料

烤箱出好菜：172 道家常飯菜．極品料理．人氣烘焙．特殊風味，運
用烤箱多功能輕鬆上菜 / 李美敬著；林芳仔譯 .-- 初版 .-- 新北市：
奇光出版：遠足文化發行, 2016.01
面；　公分

ISBN 978-986-91813-8-9(平裝)
1. 食譜

427.1　　　　　　　　　　　104024879

線上讀者回函

烤箱出好菜

O-V-E-N
FOOD

李美敬 著

林芳伃 譯

前言

本書是專為不知道如何用烤箱做菜的人，
或是以為烤箱只能用來烤餅乾或蛋糕的人所設計的食譜書。

狹窄的廚房，無法容納所有你想用的廚房家電的時候，
炎炎的夏日，不想在瓦斯爐前汗流浹背地炒菜的時候，
自己一個人要做出很多道菜來招待客人的時候，
讓家用烤箱發揮它隱藏的多樣才能來幫助你吧！

本書介紹多道食譜，
教你如何用烤箱煮飯、做家常菜，在家煮出知名餐廳才吃得到的極
品料理，
有客人來訪也能優雅做菜，製作別的地方吃不到的特別料理。

另外，書中也有介紹簡單又美味的烘焙及甜點食譜，
只要有一台家用烤箱，再運用常見的烘焙材料和工具，
自己在家也能輕鬆製作療癒點心！

如何使用本書

1. 除了 Part3 烘焙單元以外，本書中大部分的料理都是以吃飯用的湯匙和紙杯為計量單位。
   請見 p.14「湯匙和紙杯的計量方法」。

2. 標示「替代食材」，當原材料沒有的時候，也可以用家裡現有的其他食材替代變通，增加料理的變化。

3. 為了讓讀者在製作料理時，能夠更容易跟得上步驟，在步驟中會再介紹一次調味料的計量。

4. Cooking Tip 是作者分享的料理小訣竅。

5. 各項食材以條列式羅列，方便讀者閱讀。

6. 每道料理以 4 至 6 個步驟就能完成，搭配簡單易懂的照片及解說，讓讀 者能輕鬆跟著學做菜。

Contents

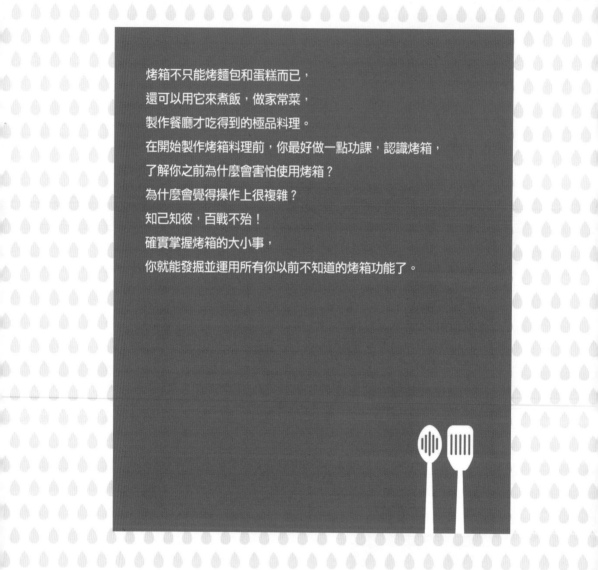

烤箱不只能烤麵包和蛋糕而已，

還可以用它來煮飯，做家常菜，

製作餐廳才吃得到的極品料理。

在開始製作烤箱料理前，你最好做一點功課，認識烤箱，

了解你之前為什麼會害怕使用烤箱？

為什麼會覺得操作上很複雜？

知己知彼，百戰不殆！

確實掌握烤箱的大小事，

你就能發掘並運用所有你以前不知道的烤箱功能了。

Cooking Note

湯匙和紙杯的計量法

（備註：本書用的湯匙是一般吃飯用的鐵湯匙。）

測量粉狀食材
鹽、糖、辣椒粉、胡椒粉、芝麻……

 1 匙是用吃飯的湯匙盛滿食材，再推平表面，使食材與湯匙邊緣同高的一平匙的量。

 0.5 匙是半湯匙的量。

 0.3 匙是 1/3 湯匙的量。

測量液狀食材
醬油、醋、酒……

 1 匙是盛滿 1 湯匙的量。

 0.5 匙是半湯匙的量。

 0.3 匙是 1/3 湯匙的量。

測量醬料類食材
韓國辣椒醬、韓國大醬……

 1 匙是用湯匙盛滿食材，再推平表面，使食材與湯匙邊緣同高的一平匙的量。

 0.5 匙是半湯匙的量。

 0.3 匙是 1/3 湯匙的量。

用紙杯測量液狀食材

 1 杯是用紙杯裝到十分滿的量，容量大約是 200ml 再少一些。

 1/2 杯是用紙杯盛裝到中間再上面一點的量。

請務必記得！
蒜泥 1 瓣 =0.5 匙
蔥花 1/4 根 =2 匙
洋蔥末 1/4 顆 =4 匙

* Part 3 烘焙單元請用量匙、量杯及量秤測量。

看一眼就知道份量是多少的
目測計量法

以目測方式估算 100g 的常用食材大小

熟記每項主要食材 100g 的大約大小，未來在做菜的時候，就不用每次一一秤
重食材，讓做菜的過程更加流暢。以下介紹常用食材每 100g 的目測估算法。

洋蔥
小顆 3/4 顆

蘿蔔
半圓形直徑 9cm
高 3cm，1 塊

豆腐
6X5X3cm，1 塊

馬鈴薯
小顆，1 顆

小黃瓜
小根，1/2 根

蘑菇
6 顆

節瓜
1/3 根

南瓜
1/4 顆

番茄
大顆，1/2 顆

雞胸肉
1 塊

胡蘿蔔
中型，1/2 顆

青花菜
小顆，7 小朵

＊雞蛋每顆重量約 40~70g，本書中雞蛋大多以顆為單位。

烤箱料理使用的基本調味料

增加味道層次的基礎——醬料

醬油

醬油的種類與名稱相當多樣，市售醬油有薄鹽醬油、淡色醬油、釀造醬油、陳年醬油等。淡色醬油顧名思義，顏色較淺，適用於口味較清爽，不需要醬色的料理。薄鹽醬油顏色稍深，但含鹽量較低，適合用來炒菜調味。釀造醬油味道較濃厚、甘醇，適合用於烤肉及較重口味的菜餚。陳年醬油是經過二次釀造的醬油，顏色深，適合燉煮重口味及顏色重的料理。

韓國辣椒醬

韓國的辣椒醬是將日曬過的辣椒及糯米磨細後，加入麥芽糖、鹽等調味熬煮而成。辣椒醬在韓國料理中很常見，讓菜餚呈現天然紅豔的色澤和溫潤的辣味，增進食欲。市售的韓國辣椒醬分為微辣、小辣、普通辣，中辣、大辣等五個等級，可以依個人需求選擇需要的辣度。

味道的基礎——鹽與糖

韓國大醬

韓國大醬堪稱是韓式味噌醬，以大豆製作醬麴，再經過發酵而成的韓國大醬，有著濃厚的豆醬香氣和柔順的鹹味，用於濃郁口味的料理可以增加味道的層次。大醬最適合用來製作韓國大醬湯、辣魚湯，也可以用來做涼拌菜，利用其天然的豆醬鹹香調味。

鹽

鹽是最基本提供食物鹹味的調味料，適當的鹹味可提升食物的味道。目前市售的鹽商品種類繁多，除了以日曬方式從海水蒸發結晶的海鹽以外，也有岩鹽以及針對不同訴求推出的低鈉鹽、美味鹽等可供選擇。

糖

糖是從蔗糖中提煉、精製而成的結晶體。一般常用的糖有白砂糖、黃砂糖、黑糖，做菜最常用的是白砂糖，但有料理需要呈現較深的顏色時，也可選擇使用黃砂糖或黑糖，但是黑糖的多寡會直接影響菜餚的色澤，請酌量使用。

香油

可以到老字號油行購買，或是用超商或量販店販售的香油。購買市售的香油時，選用百分之百用芝麻壓榨，沒有混充其他油品的香油，香氣較濃郁，即使長時間高溫煎炒，香味也不易流失。中辣、大辣等五個等級，可以依個人需求選擇需要的辣度。

基本的調味料

韓國辣椒粉

頂級的韓國辣椒粉是將秋季採收的大辣椒用陽光自然曬乾成「太陽椒」，再磨製成粉狀，讓料理呈現鮮明的紅色光澤及辣度。若沒有太陽辣椒粉，也可以用一般的韓國辣椒粉調味。市售的韓國辣椒粉分為調味用和醃泡菜用的兩種，請依據料理的用途使用正確的辣椒粉。另外，辣椒粉開封後未用完，請放置冰箱冷凍庫，可延長辣椒粉的新鮮度、色澤及辣度。

糖漿（玉米糖漿、果糖）

與固狀的砂糖相比，液狀糖漿具有流動性佳、使用方便、不易燒焦、增加食物亮澤度、冷卻後也不易凝固等優點。除了煎炒料理、調配涼拌醬汁，也可以醃漬肉類。

醋

目前市售的食用醋依據原料大致分為穀物醋和水果醋兩大種類，其中又以具有蘋果香甜氣味、酸味淡雅的蘋果醋使用率最高。做涼拌菜時若希望增加酸度，但是又不要太多醬汁，可以使用市售的兩倍或三倍濃縮醋。

香蒜粉 & 薑粉

烘烤肉類料理時，很適合在表面撒上大量香蒜粉或薑粉。涼拌菜及煎炒料理使用少許香蒜粉或薑粉也能增加風味。

小魚乾露

濃縮小魚乾調味醬汁，不需要自己熬煮高湯，加入一點點就能提升湯品和涼拌菜的鮮味。

鰹魚露

具有鰹魚風味的調味品，加到湯品或是煎炒料理中，可以提升鮮味，加到涼拌菜或蔬菜裡也很方便。

海鮮露

魷魚、螃蟹、蝦子、蛤蜊、小魚乾等海鮮燉煮而成的調味醬汁，加到海鮮湯或是一般湯麵中，可使湯頭變成香濃的海鮮湯，風味濃郁。

香料鹽

混合辛香料的鹽巴，可以同時增加鹹味和香料氣息的調味品。海鮮或肉類基礎調味時撒上，可去除腥味，使用上很方便。除了肉類和海鮮，也可以搭配蔬菜沙拉食用。

橄欖油

橄欖油有許多等級，橄欖果實從橄欖樹上摘下後，經過分級、洗滌、磨碎、壓榨等步驟，使油脂與水分分離。根據榨油的方式，大致分為初榨橄欖油、純橄欖油、精製橄欖油等不同等級：第一道壓榨的橄欖油稱為初榨橄欖油，主要用來涼拌沙拉；純橄欖油是以高溫蒸餾萃取而成，適合用來加熱烹調料理；精製橄欖油大多以化學溶劑提煉，不建議使用。

蠔油

是用蠔（牡蠣）與鹽水熬成的調味料，深咖啡色，質感黏稠。蠔油的用途很多，煎炒、醃醬、烘烤、蓋飯等料理都能使用。過去蠔油的製作過程中會添加味精等成分，但最近也買得到標榜不添加味精的蠔油了。

紐澳良綜合香料粉（又稱卡津香料粉）

混和匈牙利紅椒粉、大蒜粉、洋蔥粉、黑胡椒、小茴香粉、辣椒粉、奧勒岡及百里香等多種辛香料的綜合調味粉，辛香、微辣的味道與韓國料理非常搭配。卡津（Cajun）是指居住在美國路易斯安那州的一個族群，在戰爭期間遭流放而組成。卡津人在路易斯安那定居下來，發展出生機勃勃的文化，包括獨特的風俗、音樂和料理。

烤箱料理使用的烘焙材料

麵粉（高筋麵粉、中筋麵粉、低筋麵粉）

麵粉根據麩質的含量多寡大致分為高筋麵粉、中筋麵粉、低筋麵粉三種。麩質是凝聚麵粉的一種成分，又稱為麵筋。高筋麵粉的麩質含量約12%，含量越高，越有嚼勁，加入酵母後，可用來製作麵包；中筋麵粉的麩質含量約10%，是家庭最常使用的麵粉種類，無論是料理烹調或是烘焙麵包、餅乾都可以使用，最大的用途是用來製作麵條；低筋麵粉的麩質含量低，不易出筋，所以會產生鬆軟或酥脆的口感，適合製作蛋糕和餅乾。

酵母

活的酵母會產生氣體，使麵團膨脹，酵母必須在適當的水分和溫度下才能進行發酵作用。酵母分成新鮮酵母、乾酵母、速發乾酵母三種，新鮮酵母的水分高達70%，呈現濕潤的狀態，但容易發霉，不易保存；乾酵母，顧名思義就是乾的酵母粉，水分含量約8%；速發乾酵母與乾酵母相比，發酵的成功率高，使用上也較為方便，是家庭烘焙最常用的酵母。

奶油

奶油是將乳脂從牛奶中分離出來後，凝固而成的乳製品，可使麵團增加香氣及柔軟口感。奶油又分為一般奶油、發酵奶油、加鹽奶油、無鹽奶油等種類，一般奶油沒有添加乳酸菌，熟成後直接凝固成型；發酵奶油添加了乳酸菌使其發酵，具有獨特乳酸香氣和味道，所以瑪德蓮或費南雪等著重奶油風味的糕點可以使用發酵奶油；加鹽奶油的鹽分大約占總重量的1~2%，保存期限較長；烘焙時經常使用的無鹽奶油則不含鹽分，雖然保存期限較短，但是用來製作麵包或餅乾時，不會改變成品的味道，只保留奶油的濃郁香氣。未用完的奶油請放置密封的容器，放入冰箱冷藏保存。

小蘇打粉＆泡打粉

小蘇打粉是製作餅乾或麵包時會使用的材料之一，也是泡打粉的主要成分。小蘇打粉的學名為碳酸氫鈉，是100%由碳酸氫鈉組成的單一成分膨脹劑，膨脹效果比泡打粉高出二至三倍，具有向旁邊膨脹的性質；泡打粉則是混和而成的化學膨脹劑，具有向上膨脹的性質，主要用於製作蛋糕和餅乾。小蘇打粉或泡打粉添加過多時會產生苦澀味，使用時請務必遵照正確的使用量添加。

鮮奶油
（生鮮奶油、動物性鮮奶油、植物性鮮奶油）

生鮮奶油是用利用離心機，分離出牛奶中的乳脂肪的濃縮乳脂，是 100% 從牛奶中提取的鮮奶油；動物性鮮奶油是在天然乳脂肪中添加部分植物性油脂及化學添加劑的鮮奶油；植物性鮮奶油則是完全不含動物性乳脂肪，由棕櫚油、椰子油、食用油等植物性油脂及化學添加劑合成的鮮奶油。純天然乳脂肪製成的鮮奶油，具有天然的奶香、口感綿密、柔順，通常在製作高級的糕餅甜點時使用，但缺點是保存期限短，加工後成品也不易保存，無法廣泛運用於所有烘焙甜點。相反地，植物性鮮奶油因為使用添加劑，保存期限長，可應用的範圍也較廣。一般製作鮮奶油蛋糕時，若將生鮮奶油和動物性奶油依照比例混和使用，就能製作出口感柔順又挺立的鮮奶油霜。以植物性鮮奶油打發的鮮奶油霜可以冷凍，但解凍後最好不要重新冷凍。打發鮮奶油霜時，盡可能讓鮮奶油保持低溫，夏季可在攪拌盆底下隔冰水降溫，鮮奶油霜會更容易打發，泡沫也更柔順細緻。

椰子

烘焙用的椰子有粉末狀的椰子粉和刨成絲狀後乾燥的椰子絲兩種。因為椰子具有濃郁的特殊香氣，成為常用的烘焙材料。運用椰子絲烹調料理或是裝飾時，先稍微烘烤過，可以更突顯香氣。

肉桂粉

肉桂粉經常用來添加在烘焙蛋糕和馬芬中，使用時，請與麵粉一起過篩，去除結塊的粉團。肉桂粉也可用來烹煮果醬增加風味。

奶油乳酪

是以牛奶和鮮奶油製作，未經熟成的生乳酪，口感柔軟滑順。與一般乳酪差別在於沒有鹹味，取而代之的是微微的酸味和乳香。可用來製作三明治、沙拉醬、甜點料理、餅乾、乳酪蛋糕等，用途廣泛。

糖粉

是一種精細糖，也稱為裝飾糖。砂糖的吸濕性高，為防止細緻的糖粉吸收水分並結塊，會添加 3~5% 的玉米澱粉一起混和。糖粉主要用於裝飾，撒在鮮奶油蛋糕、糕餅皮、派、餅乾等糕點表面。現在也研發出不易融化的防潮糖粉，在烘焙材料行都買得到。

燕麥片

與其他穀物相比，燕麥片的蛋白質和維他命含量較高，食用纖維也豐富，有助消化。放入蛋糕、餅乾、麵包的麵團中，可增添香氣及口感，燕麥片經過烘烤後更添香氣。

可可粉

可可粉這類烘焙常用的粉狀材料，因為容易吸收濕氣而結塊，使用時，請與糖粉一起過篩，去除結塊的粉團。沖泡飲料用的可可粉通常已添加砂糖等甘味劑，甜度高，易影響成品口味，烘焙時請使用烘焙專用的可可粉。

吉利丁片

吉利丁是從動物的骨頭或表皮提煉出來的膠質，特性是冷卻後會凝固，可用來製作果凍、慕斯、鮮奶酪等甜點。

吉利丁有吉利丁片和吉力丁粉兩種形態：吉利丁片看起來像一張很薄的透明膠卷，使用前，要先用冰水浸泡，充分吸收水分後，擰乾多餘水分，再融於加熱過的食材中；使用吉利丁粉時，則是要先用吉利丁粉量三倍的冰水浸泡 10 分鐘，再倒入其他溫熱的食材中充分融解。

吉利丁片與吉利丁粉相比，吉利丁片的純度較低，成品較軟嫩；吉利丁粉的純度較高，成品的口感會比較 Q 彈。夏季時，使用吉利丁片要特別注意，若浸泡太久水溫升高，吉利丁片很容易就會在浸泡的水中融化掉，所以只要吉利丁片有變軟的跡象，請馬上撈出來使用。

香草精 & 香草莢

香草精是用水和酒萃取香草成分濃縮而成的液體，是使用率相當高的烘焙香料，製作蛋糕麵糊或餅乾麵團時添加 1~2 滴，就可增添香氣，同時去除雞蛋或麵粉的腥味。除了香草精以外，需要長時間烘烤的蛋糕和麵包也可使用香草油，香氣能維持得更久，不會因烘烤而散佚。香草莢是乾燥過的香草豆莢，經常用於製作高級冰淇淋和卡士達醬，將香草莢橫剖成兩半，用刀尖將香草籽刮下來使用，剩餘的香草莢殼可放入砂糖罐中，製成香草砂糖。

巧克力豆 & 黑巧克力

烘焙用的巧克力豆經常添加在餅乾、馬芬、磅蛋糕中，具有香甜的巧克力味，耐高溫，經過烘烤也不會融化，保有顆粒口感。巧克力豆可存放於室溫環境，高溫的夏季請放冷藏保存。可可原漿的含量必須在 35% 以上才可稱為「巧克力」，否則只能稱為糖果，最高含量則可高達 99%。黑巧克力是奶粉或砂糖添加極少甚至完全不添加的巧克力。巧克力中可可原漿的含量越高，可可天然的苦味就越濃烈。品質好的黑巧克力顏色呈桃花心木色，表面具有光澤。

水果乾（蜜棗乾、葡萄乾、藍莓乾、蔓越莓乾）

蜜棗、葡萄、藍莓、蔓越莓等水果經過乾燥，水分蒸發，保留了營養成分及甜分，鉀、維他命等營養成分比起新鮮水果更加豐富。水果乾不受季節影響，任何時候都吃得到，水分蒸發後變得容易保存。烘焙時若需用到水果乾，請預先用藍姆酒或溫水浸泡，使其吸收水分後，風味更佳。

堅果類（杏仁、核桃、葵瓜子）

堅果類被選定為世界十大健康食品之一，是有益身體的食品。我們經常吃到的堅果有花生、核桃、杏仁、葵瓜子等。烘焙時，若需使用堅果類，可先用烤箱或是乾的平底鍋預先烘烤或加熱一下再使用，回復香氣和酥脆口感。堅果類平時可於常溫下保存，但是高溫的夏季時，堅果內的油脂容易酸敗，產生油耗味，建議放冰箱冷藏保存。

烤箱料理使用的烘焙工具

刮刀

攪拌馬芬、蛋糕及餅乾麵糊時，一定會使用到的烘焙工具。材質有橡皮刮刀和矽膠刮刀兩種，建議選用較耐熱也較柔軟的矽膠刮刀，操作上會更加便利。

刷子

製作蛋糕時，在海綿蛋糕基底塗抹糖漿或是在烤盤及容器上塗刷防沾油脂時，都會用到刷子。

打蛋器

打蛋器用來將雞蛋打發成泡沫，或是攪拌使奶油質地變柔軟。要打發鮮奶油霜或蛋白糖霜，使用電動攪拌器會更方便快速。

擠花袋 & 擠花嘴

擠花袋和擠花嘴安裝好裝入鮮奶油霜，可以裝飾蛋糕，或是裝入馬芬麵糊，將麵糊均勻填入馬芬烤模；挑選不同的擠花嘴，再裝入餅乾麵糊，就能變化出各種花樣的擠花餅乾。

各式烤模

派盤、土司烤模、瑪德蓮烤模、馬芬烤模等，每種烤模都有其特殊形狀及用途，家裡最好準備幾種不同尺寸和造型的烤模，更能靈活運用。一般使用的烤模多為金屬材質，內部有防沾塗料，另外也有矽膠烤模及拋棄式的鋁箔烤模可供選擇。

採買烘焙材料和工具

Hint!

現在大型量販店通常設有烘焙材料區，可以買到基本的烘焙工具和小份量的烘焙材料，但是價格會稍貴一點，也常有找不到特殊材料的情況。雖然也有網路通路可以購買烘焙工具及食材，但是網路購買看不到實體大小和容量，常常會買錯。位於首爾乙支路上的芳山市場是韓國最大的烘焙工具及食材、包材的批發及零售市場，在這裡可以親眼確認工具和食材的品質後再購買。大多數的芳山市場商家也都有架設網路商店供客人上網訂購。

推薦烘焙工具、食材、包材網站

101 購物商城 www.101sm.com/shop
樂烘焙材料器具 lovebakingtw.pixnet.net/blog
麵包花園 EZ Baking www.ezbaking.com
EHome Baking www.ehomebaking.co.kr
Baking Sweet www.bakingsweet.co.kr
Baking Party www.bakingparty.com

烤箱與我

我大學考上烹飪相關學系時，爸爸買了一個烤箱送給我，在 20 年前的社會，幾乎沒有幾個人家裡有烤箱。我很開心每天回家後，將在學校學到的東西用烤箱再做一次。

當時的烤箱不是像現在都以攝氏標記溫度，而是以華氏標記溫度的進口烤箱，每次料理之前都要先計算出對應的華氏溫度是幾度，相當麻煩。每次烤箱散發出食物的香氣時，全家人都不禁讚嘆，感覺烤箱好像會變魔法，什麼都不用做，就能自動變出美味的食物。

大學畢業後，我進入販售烤箱的公司上班，讓我完全愛上烤箱料理。烤箱最大的優點在於可以很輕鬆地烹調出各式各樣的菜餚，特別是現代人的肉類攝取量大幅增加，烤箱烹調出的肉類料理，注重食材的原味，少油，既美味又健康。一般家庭主婦傷腦筋的煎魚、炸魚，常常外皮焦了，裡面卻還沒熟，若用烤箱烤魚，不僅外酥內熟，也不會弄得整間廚房都是魚腥味。

平常在家裡，我除了用烤箱烘烤食物，也會用烤箱來蒸烤、發酵、乾燥蔬菜，烹調出各式各樣的料理。另外我在烹飪教室教授的課程中，也會教人如何運用瓦斯烤箱、迷你烤箱、蒸烤箱等不同的烤箱特性，製作出各式美味料理。偶爾家裡臨時有客人來訪，只要將幾樣材料放進烤箱，談笑間就能輕鬆完成一道菜，不需要手忙腳亂，做菜的人心情愉悅，吃的人也開心。我剛剛放了一塊五花肉進去烤箱，等待五花肉烤熟的同時，一邊和家人坐著聊聊今天發生了哪些新奇又有趣的事。多虧有烤箱，我才能這樣悠閒！

我熱愛烤箱的 10 個理由

1. 烤箱料理很健康
比起油炸和煎炒的烹調方式，烤箱料理所需的油和調味料較少，更能吃到食材的原味。

2. 不會挑剔食材
學會聰明活用烤箱，最大的優點就是可以很輕鬆料理肉類食材。用瓦斯爐烹調肉類食材時，必須掌控時間並時時緊盯火候的變化，煮出來的成品口感和味道也有很大差異；使用烤箱料理肉類食材，只要調好固定的溫度，固定的時間，不論什麼食材都能變得軟嫩又好吃。

3. 富含多樣功能的多功能機器
近來具有微波加熱、製麵包、製麴、食品乾燥、殺菌等多功能的烤箱非常熱門。一台擁有多功能的烤箱，在現代普遍狹窄的小家庭廚房中是不可或缺的料理幫手。

4. 只需要基本的準備工作，放進烤箱，完成
蔬菜清洗切塊，肉類、海鮮調味，接著放入烤箱，再按下按鈕，所有工作就完成了，我想沒有比這個更容易的料理方式了吧！

5. 烹調過程中不用守在一旁也沒關係
用瓦斯爐做菜時，因為是直火烹調，一定要待在瓦斯爐旁，隨時注意火候的大小，不時地翻炒或攪拌。但烤箱是間接加熱的方式，所以不需要死守著烤箱，食物也能依據你設定的時間和溫度，烤好出爐。

6. 多種料理一次完成
使用較大型的烤箱，不同層架可以同時放入不同食材一起烘烤。另外也能依據用餐人數，同時製作許多份的單人份料理。

7. 忙碌職業婦女的好幫手
前一天晚上，事先把食材調理好，放入冰箱，隔天早上起床，把食材放入烤箱，按下按鈕，梳妝打扮好，就有美味又豐盛的早餐可以吃了。

8. 擬定好想要做的烤箱料理菜單，一個人也能輕鬆完成宴客菜
不用慌張，烤箱能一次幫你完成多種料理。等待料理完成的時候，你還可以擺盤，布置用餐環境，打理自己，客人一來，從烤箱中拿出成品放上桌，優雅地與客人一同享用佳餚，談天說地。

9. 炎炎夏日不想進酷熱的廚房做菜，烤箱絕對是你夏天下廚的救星
炎熱的夏天，不用再被瓦斯爐的熱氣轟炸，每次煮個飯就像剛從三溫暖出來般汗流浹背。用烤箱做菜，夏天進廚房不再是你的夢魘。

10. 用烤箱就能自製誠意十足的禮物
自己製作小餅乾、肉乾、手工優格，美味又吃得安心，最適合拿來當禮物送給親朋好友。烤箱的按鈕一按，誠意十足的禮物就完成了。

烤箱
的種類和
使用方法

瓦斯烤箱

點火後，內部空氣的溫度會上升，以乾燥加熱的方式使食材熟化。家用瓦斯烤箱就是如上圖所見，上方是瓦斯爐、下方為瓦斯烤箱的「瓦斯爐連烤箱」（簡稱「爐連烤」）廚具。其中，烤箱內部熱能流動方式又分為「自然對流」與「強制循環對流」（旋風）兩種。有旋風功能的烤箱裡面裝有風扇，運轉時製造出旋風，迫使烤箱內部的熱空氣快速循環，與自然對流的烤箱相比，旋風烤箱的熱能較易平均分布，使食材均勻烤熟，熱循環快也可以縮短烹調時間，但缺點是食物容易乾化，失去水分，需留意烘烤時間。

瓦斯烤箱較一般電烤箱大，能夠同時烹調大量食材，但也因為體積較大，預熱所需的時間也較長。瓦斯烤箱的熱源主要從下方出來，所以下火較強，上火較弱，因此需要高溫（230~250℃）烹調的肉類料理請放在下面的層架烘烤；用低溫（180~200℃）烹調的烘焙點心類，放在上面的層架烘烤；焗烤、一般料理則放在中間的層架烘烤即可。

使用爐連烤，上方為瓦斯爐，可以同時製作烤箱和瓦斯爐料理。有的瓦斯烤箱有內建的自動調理功能，善用這些內建設定，製作各式料理會更加便利。

內部容量：50~60L

電烤箱 · 水波爐

市售電烤箱擁有發酵、烘乾、烘焙、烘烤等功能，精準控溫，多功能一機完成。烤箱內部裝設加熱器和旋風風扇，使溫度快速上升。大火力熱風對流立體烘烤和 360 度自動旋轉燒烤，全面包圍食材，均勻受熱，不易烤焦或不熟，油切更健康。上火和下火獨立控溫，滿足各種食物及口感的火力需求。還可依需求調整烘烤時間，最長可連續烤兩小時。

電烤箱的門多為玻璃製，烹調完成馬上觸摸烤箱玻璃門，很容易被燙傷。另外要特別注意，烤箱與四周物品要保持適當距離，烤箱加熱後溫度高，若有東西覆蓋或接觸烤箱，很容易引起火災。

蒸烤箱的原理是將水加熱，利用高溫的微小蒸氣粒子包覆食材，滲透到內部，使熱能更快速傳達，可以縮短食物烤熟的時間，並減少料理所需的油脂和鹽分，保留食材的營養成分。

需要使用蒸烤箱的代表性料理有法國麵包、韓國麵包、泡芙，使用蒸烤箱烹調大型肉類料理如烤雞、烤牛肉也很適合，表面不會烤焦，內部也能均勻軟嫩、熟透。此外，韓國烤肉大多添加辣椒醬和醬油等容易燒焦的醬料醃漬，使用蒸烤箱烘烤較不容易燒焦。使用蒸烤箱時，烤箱內有蒸氣噴射口，每次使用後請清潔乾淨，使用前再次確認噴射口是否有堵塞物，才

能使蒸烤箱確實發揮蒸氣效果。

遠紅外線電烤箱是利用大量遠紅外線光波照射的方式，使熱能迅速穿透食材，表面和內部同時快速烤熟，缺點是遠紅外線的光波無法調節強弱，與熱源靠得較近的食材很容易會燒焦，或是顏色烤過深。近幾年新推出的多功能水波爐，除了基本的微波和烘烤功能外，還有燒烤、蒸烤、解凍、發酵等內建的多種自動調理功能，使烤箱能烹調更多樣化的料理。

內部容量：30~35L

迷你烤箱

電烤箱的一種，尺寸小，搬運方便，操作方法簡單，可以製作多種烘焙甜點，缺點是機體容易過熱，內部洗滌不便。迷你烤箱的內部容量小，不事先預熱也沒關係。取出烤箱內的容器時，務必戴上隔熱手套，以免碰觸到烤箱加熱管而燙傷。

內部容量：20~25L

烤箱料理的技巧

製作烤箱料理時,不想失敗的話,必須掌握幾項烤箱料理的技巧。首先要了解自家烤箱的特性、功能、優點和缺點;確認你要做的料理是否需要預熱烤箱;同樣的食材要切成同樣的大小,才能均勻受熱;放調味料時,一開始可以放少一點,之後不足再慢慢增加;依據料理的種類不同,靈活運用烤箱內部的上、下層架;善用烤盤墊或烤盤紙,可以達到不沾的效果。

1. 預熱烤箱

放入要烘烤的食材前,先讓烤箱預先加熱到烘烤所需的溫度,就叫做「預熱」。烘焙麵包和餅乾類,或是烘烤海鮮或肉類時,預熱烤箱可以縮短食材烤熟的時間,留住美味,料理的色澤也更漂亮。

預熱烤箱就像平底鍋炒菜要先熱鍋的道理一樣,如此一來,烘烤的時間縮短,效果也好。烘焙西點蛋糕時,需要預熱烤箱;烘烤肉類料理時,不預熱也沒關係。瓦斯烤要預熱到指定的溫度大約要 8~10 分鐘;電烤箱則需要 7~8 分鐘。預熱烤箱時,烤盤不用放進去,待烤箱預熱完成,食材放在烤盤上,送入烤箱烘烤。

2. 使用上、下層烤架

每個烤箱的加熱管位置不同,烤盤離加熱管越近,食材越容易烤出金黃色澤。烘焙西點蛋糕或是烘烤海鮮、肉類時,想要表面烤出金黃色澤,可以將烤架放在上面的層架;體積較大的肉類料理,或是烘烤時間需要較久的料理,則可以放在下面的層架。

3. 活用上、下層架

用烤箱同時製作多道料理時,可以在上層架和下層架各放一個烤盤,預定的烘烤時間經過 2/3 時,再將上下兩層的烤盤對調,繼續烘烤,可以使上下層

的料理都達到烤熟和上色的效果。

4. 食材的大小要一致

烤箱雖然是以間接加熱的方式烤熟食物,不容易烤焦,但放入烤箱的食材務必要大小一致,才能確保食材能受熱均勻。烘焙餅乾或馬芬時,放置在烤盤邊緣的,顏色會比較快變深,烘烤時間過了一半時,可以將烤盤拿出來對調方向,使其受熱均勻。烤盤邊緣不要放較小的食材,很容易烤焦。

5. 使用隔熱手套

從烤箱中取出烤盤時,務必戴上隔熱手套;取出的料理較重時,不要貪快用單手拿取,請用雙手小心取出,以免打翻。要特別注意的是,勿使用濕抹布代替隔熱手套,濕抹布的熱傳導速度比乾毛巾快,很容易燙傷手。

6. 使用烤盤

烤箱是利用熱對流循環來加熱食材,所以盛裝食材的容器請勿直接放在烤箱底部,一定要先放在烤盤上,再送入烤箱,使烤箱內的熱能對流循環。

7. 部分料理的烘烤過程中,不要打開烤箱門

部分烤箱料理的烘烤過程中,最好不要打開烤箱門。烤箱內部的溫度下降,有時會影響食物的狀態,特別是烘烤麵包或蛋糕時,若中途打開烤箱門,會使麵包或蛋糕無法充分膨脹,形狀塌陷、變形。

8. 使用烤箱用容器盛裝食材

使用烤箱用容器盛裝食材,勿集中放在烤箱單一一側,請放置在烤盤中央,使熱對流可以正常循環,均勻加熱食物。

最適合烤箱用的容器

和微波爐一樣，烤箱也有適用和不適用的容器。烤箱用容器，以形狀來說，為了更容易放入烤箱中，口徑窄但深度深的容器就不適合，寬且淺的容器會比較適合烤箱。以材質來說，耐熱度高的耐熱玻璃或是耐熱瓷器可以用來烘烤料理，但是烘焙蛋糕和麵包時，熱傳導要快，就不能使用玻璃製品，而要用金屬製的烤模或烤盤，烤出來的成品才會漂亮。烤箱用容器不要與常用的碗盤放在一起，最好另外收存，才不會搞混。

烤箱可以使用的容器 ○

耐熱玻璃

購買時請選擇有特別註明可放入烤箱（oven），或是特別標記是耐熱玻璃（borosilicate）的玻璃容器。耐熱玻璃無法承受極速的溫度變化，若從烤箱中取出又馬上倒入冷水，很容易龜裂。清洗耐熱玻璃時，勿使用鐵刷，請使用海綿輕柔洗滌即可。

陶器 & 耐熱瓷器

可用直火加熱的石鍋、砂鍋、陶鍋都可以放入烤箱。但是塗有釉料的瓷器放入烤箱加熱，釉彩著色的地方容易產生裂紋，請勿放入烤箱中使用。

金屬製容器 & 各式烤模、烤盤

沒有木製或塑膠製把手的鍋具皆可使用，但是要注意，太薄的不銹鋼鍋具經過高溫烘烤，很容易變形。

鋁箔紙 & 烤盤紙

鋁箔紙、烤盤紙、免洗鋁箔烤盤等都可以使用。

烤箱不能使用的容器 ✕

強化玻璃 & 一般玻璃

強化玻璃雖然能承受強大的衝擊力道，卻不耐高溫，所以不適合當烤箱用容器。只使用發酵功能或烘乾功能時，因為所需溫度較低，勉強可以使用。

木製器皿 & 漆器

高溫烘烤過程中，木製器皿及漆器會燒焦、變形。

塗有釉料的陶瓷器

高溫加熱使用，釉彩著色的地方容易產生裂紋，所以不要使用比較好。

有塑膠製把手的不鏽鋼鍋具

不鏽鋼鍋具雖然可以放入烤箱，但塑膠把手遇熱會融化，所以不能使用。

塑膠袋 & 保鮮膜

塑膠袋及保鮮膜等塑料，遇熱會融化並產生毒素，絕對不能使用。

TIP 烤箱清潔方法

烤海鮮或肉類後，要去除烤箱內的腥味，可以在料理完成後，趁烤箱還有餘溫時，用濕抹布沾少許小蘇打粉，輕輕擦拭烤箱內壁及玻璃門，就能清潔乾淨。

Q&A
對我來說
太難懂的烤箱

Q1 一年以上沒使用過的烤箱，要如何清潔，重新恢復使用呢？

A 用濕抹布將烤箱外部擦乾淨後，插上電，什麼都不用放，以 200℃ 烘烤 10~15 分鐘，就能重新使用了。

Q2 製作麵包或餅乾的食譜有標記要事先預熱，舉例來說，食譜上寫「放入以 230℃ 預熱好的烤箱，烤 15 分鐘左右。」，我要怎麼預熱呢？

A 烘焙西點蛋糕前的預熱步驟，要先將烤箱加熱至指定溫度，所以我們將溫度調到 230℃，使烤箱加熱 5~10 分鐘就可以了。依據指定溫度的高低，預熱所需的時間稍微會有增減，若烤箱有預熱完成指示燈的功能，可以多加利用。

Q3 用平底鍋煎魚，家裡會瀰漫魚腥味，所以改用烤箱來烤魚。但是烘烤完成後，該如何去除殘留在烤箱內的烤魚味呢？

A 用平底鍋煎魚，味道很重的原因在於油煙，用烤箱來烹調海鮮，則可以有效地將油煙密封在烤箱中。烘烤完，趁烤箱完全冷卻前，用濕抹布沾少許小蘇打粉，輕輕將沾附在烤箱內部的油煙擦拭乾淨，再用烤箱本身的洗滌和乾燥功能，就能完全清除殘留的味道了。

Q4 最近市面上很多具有燒烤、微波爐、食品乾燥機、發酵機、氣炸鍋等一機多功能的烤箱，但我是完全沒用過烤箱的初學者，該選購哪種烤箱比較好呢？

A 選購烤箱前，最好先確認家裡已經有哪些廚房家電，如果家裡沒有食品乾燥機、微波爐、發酵機等廚房家電，這種多功能烤箱是不錯的

選擇。若家裡有上述那些廚房家電，選購功能單純的電烤箱就可以了。

Q5 我聽說蒸烤箱可以烹調低卡路里、少鹽、保留營養成分的健康料理，所以很有興趣。蒸烤箱的特色是什麼呢？

A 蒸烤箱在烘烤時會噴射高溫的水蒸氣，可以使料理表皮酥脆，但內部保持軟嫩的口感。平常在家若經常烤魚、烤雞或製作需要大量使用調味醬料的韓國料理，蒸烤箱是值得選購的廚房家電。

Q6 我聽說烤箱因為是會發熱的家電，要注意擺放位置。但是我家廚房很狹小，若把烤箱、微波爐和電子鍋都放在一起，可以嗎？

A 烤箱和冰箱一樣，背面需要有散熱空間，烤箱後方與牆面要保持約 10cm 的距離，另外烤箱上方和左右兩側也要保持間隔（左右各 10cm，上方 20cm 以上）。常有人問我烤箱可不可以放在電器櫃裡面，但是目前市面上的電器櫃大部分都不耐熱，所以不建議把烤箱放在電器櫃裡。另外，也要避免直接接觸人造大理石、塑膠、玻璃等遇熱可能變形的物品，最好是放在通風良好且平坦、安全穩固的平面上。

Q7 我聽說遠紅外線電烤箱的遠紅外線可以使食物均勻受熱，適合用來烹調肉類及海鮮。可以告訴我其他功能性烤箱適合烹調什麼料理嗎？

A 遠紅外線電烤箱適合烹調肉類和海鮮料理；蒸烤箱適合製作法國長棍麵包、泡芙、烘焙西點，烘烤醬料多的料理也不容易烤焦。

Q8 烤盤或烤模為什麼要鋪鋁箔紙或烤盤紙呢？

A 烤盤或烤模並不一定要鋪鋁箔紙或烤盤紙，只是事先鋪上鋁箔紙或烤盤紙，製作結束後會比較方便清理。

Q9 我用烤箱烤魚，魚皮常會破掉，究竟要怎樣烤魚，魚皮才不會破，表面完整呢？

A 不論是用烤箱還是烤肉網烤魚，魚肉在開始變熟時是最脆弱的時候，一直到魚肉幾乎全部熟透前都不要翻面，讓它繼續烤，直到完全熟透再翻面。烤油脂豐厚的鯖魚、秋刀魚比較簡單，是烤白帶魚或黃魚等沒什麼油脂的魚，記得在烤架上塗抹食用油，魚皮就不容易沾黏在烤架上而破裂。

Q10 製作烤箱料理，一定要把溫度、時間都背起來嗎？每次都要確認每道料理的所需溫度和時間嗎？沒有比較簡單分辨烘烤溫度和時間的方法嗎？

A 烘焙蛋糕、麵包、餅乾需要的溫度多在 180~200℃ 之間，烘焙餅乾和馬芬時，會依據餅乾和馬芬的大小，而有些許調整，可以一邊烤一般觀察麵糊或麵團的顏色變化程度，隨時調節溫度。肉類或海鮮料理必須以 220~250℃ 的高溫烘烤才能熟透。

除上述料理外，其他料理大約以 200~220℃ 烘烤，在烘烤過程中隨時確認熟度，調整烘烤時間就可以了。現在的多功能烤箱很多都有內建自動調理功能，如果能熟悉並善用這些設定好的自動功能，就不用特別牢記什麼料理需要多少烘烤溫度和時間了。

想要製作健康的料理，一定要記住的
當季食材月曆

（編按：此為韓國海鮮和蔬果盛產季節，與台灣的盛產季節有所差異，且部分食材台灣不生產，請斟酌參考。）

春

3月
蔬菜｜薺菜、單花韭、垂盆草、蜂斗菜、春白菜、萵苣、艾草、茼蒿、金針花、冬白菜、蕪菁

海鮮｜比目魚、牡蠣、紫菜、泥蚶、鯛魚、海瓜子、海帶、花蛤、鯧魚、黃魚、短爪章魚、牛角蛤、鹿尾菜、海萵苣

水果｜柑橘、草莓、檸檬

4月
蔬菜｜薺菜、垂盆草、春白菜、韭菜、萵苣、菠菜、艾草、茼蒿、蘆筍、高麗菜、結球萵苣、冬白菜、蕪菁、竹筍、東風菜

海鮮｜花蟹、鯛魚、鯷魚、海瓜子、花蛤、鯧魚、短爪章魚、牛角蛤

水果｜草莓、檸檬、杏子

5月
蔬菜｜大蒜、韭菜、萵苣、高麗菜、洋蔥、冬白菜、白菜、蕪菁、蔥

海鮮｜墨魚、鯖魚、秋刀魚、花蟹、鯛魚、海鞘、鯷魚、鯧魚、烏賊、毛蝦、鮑魚、短爪章魚、鮪魚、牛角蛤

水果｜草莓、檸檬、山櫻桃、李子、櫻桃

夏

6月
蔬菜｜馬鈴薯、葉用甜菜、蘇子葉、四季豆、大蒜、韭菜、萵苣、西洋芹、菠菜、節瓜、高麗菜、洋蔥、冬白菜、小黃瓜、玉米、甜椒、毛豆

海鮮｜鯖魚、鮸魚、鯧魚、魠魚、烏賊、竹筴魚、鮑魚、黃魚

水果｜梅子、覆盆子、桃子、藍莓、杏子、西瓜、山櫻桃、桑葚、李子、香瓜

7月
蔬菜｜葉用甜菜、蘇子葉、老黃瓜、桔梗、韭菜、青花菜、萵苣、西洋芹、節瓜、高麗菜、小黃瓜、玉米、番茄、甜椒、青椒

海鮮｜白帶魚、墨魚、扁口魚、烏賊、鰻魚、魟魚

水果｜哈密瓜、覆盆子、桃子、藍莓、西瓜、酪梨、香瓜、葡萄

8月
蔬菜｜葉用甜菜、蘇子葉、老黃瓜、桔梗、韭菜、青花菜、萵苣、西洋芹、節瓜、小黃瓜、玉米、番茄、甜椒、青椒

海鮮｜白帶魚、海膽、烏賊、鰻魚、鮑魚

水果｜哈密瓜、桃子、西瓜、香瓜、葡萄

追隨每個季節的腳步，用盛產的食材擬訂菜單，做料理，
有什麼補品的營養會勝過每季盛產的當令食材呢？
提供給你 12 個月份的當季食材月曆，
教你懂得跟著時令吃對食物！

秋

9 月

蔬菜｜地瓜、辣椒、蘇子葉、胡蘿蔔、韭菜、小黃瓜、玉米、芋頭、番茄、香菇、南瓜

海鮮｜白帶魚、花蟹、蝦子、鮭魚、烏賊、鰻魚、鰶魚、黃魚

蕈菇｜秀珍菇、香菇等蕈菇類

水果｜無花果、水梨、蘋果、石榴、葡萄

10 月

蔬菜｜地瓜、胡蘿蔔、蔥、蘿蔔、大白菜、韭菜、蕪菁、細香蔥、南瓜

海鮮｜比目魚、白帶魚、鯖魚、扁口魚、牡蠣、秋刀魚、花蟹、明蝦、文蛤、 魟魚、海螺、鰶魚、鯡魚、淡菜

蕈菇｜秀珍菇、松茸、香菇等蕈菇類

水果｜柿子、棗、木瓜、栗子、梨子、蘋果、石榴、五味子、柚子、銀杏、松子

11 月

蔬菜｜胡蘿蔔、蔥、蘿蔔、大白菜、蓮藕、牛蒡、細香蔥、南瓜

海鮮｜白帶魚、鯖魚、扁口魚、牡蠣、紫菜、泥蚶、秋刀魚、花蟹、大頭鱈、明蝦、文蛤、海瓜子、章魚、海帶、蛤蜊、 魟魚、明太魚、海螺、鰶魚、牛角蛤、鹿尾菜、海萵苣、淡菜

水果｜柿子、棗、木瓜、蘋果、石榴、五味子、柚子、銀杏、松子、奇異果

冬

12 月

蔬菜｜胡蘿蔔、蘿蔔、大白菜、山藥、菠菜、乾蘿蔔葉、蓮藕、花椰菜

海鮮｜比目魚、白帶魚、鯖魚、扁口魚、牡蠣、紫菜、泥蚶、小章魚、大頭鱈、海瓜子、章魚、海帶、蛤蜊、魴魚、河豚、 魟魚、蝦子、明太魚、鱈場蟹、牛角蛤、鹿尾菜、海萵苣、淡菜

水果｜柑橘、奇異果

1 月

蔬菜｜胡蘿蔔、蘿蔔、菠菜、蓮藕、牛蒡

海鮮｜白帶魚、鯖魚、牡蠣、紫菜、泥蚶、小章魚、大頭鱈、凍明太魚、海瓜子、章魚、海帶、鮸魚、蛤蜊、魴魚、 魟魚、蝦子、明太魚、牛角蛤、鹿尾菜、海萵苣、淡菜

水果｜柑橘

2 月

蔬菜｜薺菜、單花韭、胡蘿蔔、水芹、菠菜、蓮藕、牛蒡、韭黃

海鮮｜鯖魚、扁口魚、牡蠣、紫菜、泥蚶、小章魚、昆布、大頭鱈、凍明太魚、海瓜子、海帶、蛤蜊、 魟魚、明太魚、報魚、牛角蛤、鹿尾菜、海萵苣、淡菜

水果｜柑橘

冷藏和冷凍食品的保存期限

冷藏食品

肉類　絞肉 1 天
　　　　雞肉 1 天
　　　　厚切牛肉、豬肉 1~2 天
　　　　培根 3~4 天
　　　　五花肉 1~2 天
　　　　香腸 3~4 天
　　　　薄片牛肉、豬肉 1~2 天
　　　　火腿 3~4 天

海鮮　醃漬明太魚卵 1 週
　　　　海瓜子 1~2 天
　　　　蛤蜊 1~2 天
　　　　蝦子 1~2 天
　　　　魚（整條）1~2 天
　　　　烏賊 1~2 天
　　　　牛角蛤 1~2 天
　　　　切片魚肉 1~2 天

蔬菜　茄子 3~4 天
　　　　馬鈴薯（切塊）1 週
　　　　馬鈴薯（整顆）1 個月（常溫保存）
　　　　南瓜（切片）4~5 天
　　　　南瓜（整顆）2~3 個月（常溫保存）
　　　　胡蘿蔔 4~5 天
　　　　蔥 1 週
　　　　山藥（切塊）1 週
　　　　山藥（整塊）1 個月（常溫保存）
　　　　蘿蔔 4~5 天
　　　　大白菜（切開）3~4 天
　　　　大白菜（整顆）1 個月
　　　　韭菜 3~4 天
　　　　青花菜、花椰菜 2~3 天
　　　　薑 1 週
　　　　菠菜 3~4 天
　　　　節瓜 3~4 天
　　　　高麗菜 2 週

　　　　結球萵苣 3~4 天
　　　　洋蔥（切開）1 週
　　　　洋蔥（整顆）1~2 個月（常溫保存）
　　　　小黃瓜 3~4 天
　　　　玉米 3~4 天
　　　　牛蒡 1 週
　　　　黃豆芽 1~2 天
　　　　番茄 3~4 天
　　　　毛豆 2~3 天
　　　　青椒 1 週
　　　　香草 2~3 天

水果　草莓 2~3 天
　　　　檸檬 2 週
　　　　哈密瓜 1~2 天
　　　　無花果 1~2 天
　　　　水梨 7~10 天
　　　　蘋果 1~2 週
　　　　西瓜 1~2 天
　　　　柳橙 1 個月
　　　　鳳梨（切開）1~2 天
　　　　鳳梨（整顆）3~4 天
　　　　葡萄 2~3 天

其他　雞蛋 5 週
　　　　豆腐 2~3 天
　　　　乳瑪琳 2 週
　　　　栗子 2 週
　　　　白飯 1 天
　　　　菇類 1 週
　　　　奶油 2 週
　　　　鮮奶油 1~2 天
　　　　優格 2~3 天
　　　　牛奶 2~3 天
　　　　銀杏 1 個月
　　　　乳酪 1~2 週

比起古代的地窖，近代發明的冰箱大大提升了食物保存的期限，
但是冰箱可不是讓食物永久保存的魔法箱。
不論是放冷藏還是冷凍的食品依舊有保存期限，
想要製作對身體有益的健康料理，首先要學會聰明使用冰箱的冷藏庫和冷凍庫，
以下為你介紹食品最佳的冷藏和冷凍保存期限。

冷凍食品

肉類　絞肉 2 週
　　　雞肉 2 週
　　　厚切牛肉、豬肉 2 週
　　　培根 1 個月
　　　五花肉 1 個月
　　　香腸 1 個月
　　　薄片牛肉、豬肉 2 週
　　　火腿 1 個月

海鮮　醃漬明太魚卵 2~3 週
　　　海瓜子 1~2 週
　　　蛤蜊 1~2 週
　　　蝦子 1 個月
　　　魚（整條）2 週
　　　甜不辣 1 個月
　　　烏賊 2 週
　　　牛角蛤 2 週
　　　切片魚肉 2~3 週

蔬菜　茄子 1 個月
　　　馬鈴薯 1 個月
　　　地瓜 1 個月
　　　南瓜 1 個月
　　　胡蘿蔔 1 個月
　　　蔥 1 個月
　　　山藥 2 週
　　　大蒜 1 個月
　　　蘿蔔 1 個月
　　　韭菜 1 個月
　　　青花菜、花椰菜 1 個月
　　　薑 1 個月
　　　綠豆芽 2 週
　　　菠菜 2~3 週
　　　節瓜 2 週
　　　高麗菜 1~2 週

　　　洋蔥 1 個月
　　　玉米 1 個月
　　　牛蒡 1 個月
　　　黃豆芽 2 週
　　　番茄 1 個月
　　　毛豆 1 個月
　　　青椒 1 個月

水果　柿子 1 個月
　　　柑橘 1 個月
　　　草莓 1 個月
　　　檸檬 1 個月
　　　哈密瓜 1 個月
　　　無花果 1 個月
　　　香蕉 1 個月
　　　水梨 1 個月
　　　西瓜 1 個月
　　　柳橙 1 個月
　　　奇異果 1 個月
　　　鳳梨 1 個月
　　　葡萄 1 個月

其他　栗子 1 個月
　　　白飯 1 個月
　　　菇類 2 週
　　　奶油 1 個月
　　　鮮奶油 2 週
　　　銀杏 1 個月
　　　乳酪 1 個月
　　　香草 2 個月

★ 上述的冷凍食品中，有部分是生鮮食材直接冰凍，
有的則是將川燙過或煮熟的食物冷凍保存。

烤箱也能做家常飯菜
×64道

許多人一聽到用烤箱做菜,

都會先入為主地覺得「應該也只能烤個麵包、蛋糕之類的吧?」。

甚至有人家中的系統廚具雖然有內建烤箱,卻從來沒有使用過,

而是將烤箱當作收納空間,放置廚房雜物。

其實烤箱也能用來煮飯,做家常菜,

本書將帶你進入意想不到的烤箱料理世界,發現烤箱料理的無限可能。

首先就從亞洲人的主食,米飯和家常菜入門,開始我們的烤箱料理吧!

烤箱炊五穀飯

2 人份
料理時間 30 分鐘

材料

黑豆 1 匙
水 1 又 1/2 杯
白米 1 杯
高粱米 1 匙
小米 1 匙

替代食材

白米 → 糯米

Cooking Tip

炊飯時，放入熱水，可以減少炊飯的時間。還可以依據用餐人數，分成數個小砂鍋，一鍋一人份，同時放入烤箱一起炊煮。

可以改用砂鍋

1）黑豆洗淨，用 1 又 1/2 杯的水浸泡 30 分鐘，撈出泡好的黑豆，黑豆水另外盛裝，不要丟掉。

2）白米、高粱米、小米洗淨，用清水浸泡 20 分鐘後瀝乾。

3）烤箱用容器放入浸泡好的白米、高粱米、小米、黑豆，倒入浸泡過約剩 1 又 1/5 杯的黑豆水，蓋上蓋子或用鋁箔紙封住碗口。

4）放入 250℃ 預熱好的烤箱，放置於下層烤架，烤 25 分鐘。

2 人份
料理時間 30 分鐘

材料
南瓜 1 顆
栗子 3 粒
紅棗 2 粒
在來米 1/2 杯
糯米 1/2 杯
紫米 1 匙
松子 1 匙
鹽巴 少許
水 1 杯

替代食材
栗子 → 地瓜、山藥

南瓜籽
可以用湯匙
挖除乾淨。

放入 250℃
預熱好的烤箱，
烤 25 分鐘。

1）南瓜洗淨後切對半；栗子去皮後切小塊；紅棗去籽後切成四等份。

2）在來米、糯米、紫米洗淨，用清水浸泡 20 分鐘後，瀝乾。

3）浸泡過的米和栗子、紅棗、松子放入烤箱用容器，加入少許鹽巴及 1 杯水，覆蓋鋁箔紙，放入烤箱中炊煮。

4）煮好的營養飯填入南瓜中，用鋁箔紙包好，放入 200℃ 預熱好的烤箱，烤 15~20 分鐘。

韓式米糕

米糕是我每次經過年糕店時，一定會買來吃的點心。
現在知道用烤箱也能輕輕鬆鬆做出我最愛的米糕，米糕就
變成我們家的常備糧食。
一次做多一點，切成小塊，分開包裝，隨時想吃都吃得到。

Cooking Tip

米糕中因為放入許多黑糖，
容器的四個角落很容易燒
焦，用飯匙攪拌混和時，底
部和四角記得也要充分攪拌
均勻，才不會燒焦。

2 人份
料理時間 40 分鐘

主材料
糯米 2 杯
栗子 8 粒
紅棗 10 顆
松子 2 匙

調味材料
黑糖 2/3 杯
醬油 1.5 匙
食用油 1.5 匙
香油 1.5 匙
水 1 又 3/5 杯

替代食材
栗子→地瓜、南瓜

糯米一定要浸泡到充分吸收水分，若浸泡不完全，會吃到硬硬的米心。

1）糯米洗淨，用清水浸泡 5 小時後瀝乾；栗子去殼去膜後，切成 3~4 等份；紅棗洗淨後，去籽，去蒂頭，切成 4~5 等份。松子洗淨。

2）鍋子放入黑糖 2/3 杯、醬油 1.5 匙、食用油 1.5 匙、香油 1.5 匙、水 1 又 3/5 杯，加熱煮至黑糖完全融化。

3）充分浸泡好的糯米和栗子、紅棗、松子拌勻後，放入烤箱用容器，再倒入煮滾的調味糖水。

炊煮白飯或米糕時，最好使用寬且淺的烤箱用容器。

4）蓋上蓋子或是鋁箔紙，放入 230℃預熱好的烤箱，烤 25 分鐘。

5）取出煮好的米糕，將米飯和調味水充分攪拌均勻，烤箱溫度調低至 200℃，重新放入烤箱煮 15~20 分鐘。完成後即可直接食用，也可以放入烤盤中壓平，冷卻後切成小塊。

2 人份
料理時間 30 分鐘

材料
薄鹽鯖魚 1 尾
迷迭香葉 1/2 枝
料理酒 1 匙
胡椒粉 少許
檸檬 1/4 顆

替代食材
迷迭香 1/2 枝
→迷迭香粉 0.2 匙、咖哩粉 0.5 匙、
奧勒岡葉 0.2 匙

◆◇◆◇◆◇◆◇◆◇◆◇◆

家裡的烤箱若有自動「燒烤」功能，可以直接使用燒烤功能烘烤，若是沒有內建自動功能的一般烤箱，烤魚的時候，將溫度設定在 230~250℃烘烤，再依據魚的大小及厚度斟酌調整烘烤溫度就可以了。烤鯖魚和秋刀魚等油脂含量較高的魚類時，若直接放在烤盤上烘烤，油脂無法排出，無法烤出酥脆口感，請放置在烤架上，才能逼出多餘油脂。海鮮的油脂在高溫的烤箱中乾燒，容易產生油煙，因此在烤盤內鋪上廚房紙巾，用噴水壺將紙巾噴濕，流出的海鮮油脂滴在紙巾上不乾燒，就不會產生油煙，烤魚的味道也不會彌漫整個廚房，烤完後清洗烤盤和烤架也會比較輕鬆。但是要注意水不能放太多，水量太多的話，加熱後會產生大量水蒸氣，就無法烤出金黃酥脆的口感了。

1）薄鹽鯖魚用水清洗乾淨，用廚房紙巾擦乾水分，在魚身劃上幾刀；迷迭香葉剁碎。

2）料理酒、迷迭香碎末、胡椒粉撒在魚身上，靜置10 分鐘入味。

烘烤時，鯖魚魚皮面朝上，多餘的油脂就會順著魚肉的紋路往下流，才能烤出肉質軟嫩、表皮酥脆的口感。

3）烤盤內鋪上廚房紙巾，用噴水壺將紙巾噴濕；放上烤架和鯖魚，擺放時魚皮面朝上。

4）放入 230℃預熱好的烤箱，烤 15 分鐘。烤好取出裝盤，放上 1/4 顆檸檬。

香草薄鹽鯖魚

烤箱剛出爐的熱騰騰、散發金黃色澤的薄鹽鯖魚，只要有這一道下飯又美味的魚料理，誰還會抱怨沒有豬肉、牛肉呢？烤過的鯖魚，皮酥肉嫩，當作正餐主菜或是下酒菜都很適合。已經剖開的薄鹽鯖魚放在烤箱裡，不需要翻面也能均勻受熱，可以利用等待鯖魚烤熟的時間，準備其他菜色喔！

鮮烤鯖魚

2 人份
料理時間 20 分鐘

材料
鯖魚 1 尾（約 300g）
橄欖油 1 匙
檸檬 1/4 顆

Cooking Tip
新型水波爐等多功能烤箱大多內建燒烤功能，一般燒烤功能的溫度設定在 250℃ 左右，大火力強力加熱，就像用直火燒烤般，可以烤出金黃焦香的效果。烤魚的時候，可以靈活運用烤箱的燒烤和烘烤兩種烹調模式。烤整隻鯖魚時，魚的肉身較厚，有可能外面烤好了，裡面卻還沒熟，這時候可以改用烘烤模式，使溫度降低 20~30℃，表面顏色不再變深，慢慢將裡面烤熟。

1）鯖魚洗淨後擦乾，魚身的兩面都劃上幾刀。

2）魚皮表面均勻抹上橄欖油。

3）烤盤內鋪上廚房紙巾，用噴水壺充分噴濕紙巾；放上烤架和鯖魚。

4）放入 250℃ 的烤箱，烤 15 分鐘後取出，將鯖魚翻面，再烤 5~8 分鐘。烤好取出裝盤，放上 1/4 顆檸檬。

鹽烤秋刀魚

2 人份
料理時間 10 分鐘

材料
秋刀魚 2 尾
粗鹽 0.3 匙
檸檬 2 片

烤箱沒有燒烤的自動功能時，請用 250℃烤 10 分鐘。

1）秋刀魚去頭、去尾、去內臟，清洗後擦乾，在魚身劃上幾刀。

2）魚身兩面均勻撒上粗鹽。

3）烤盤內鋪上廚房紙巾，用噴水壺充分噴濕紙巾；放上烤架和秋刀魚，用燒烤功能烤 8~10 分鐘，取出後裝盤，放上檸檬片。

味噌烤
魠魠魚

2 人份
料理時間 25 分鐘

材料
魠魠魚 1 尾
美乃滋 1.5 匙
日式味噌 1 匙
清酒 1 匙
橄欖油 1 匙
檸檬 1/4 顆

替代食材
日式味噌 1 匙
→韓國大醬 0.5 匙、
陳年大醬 0.3 匙

Cooking Tip
烘烤中要將魠魠魚翻面，
請用鏟子，因為此時魚
肉還沒熟透，若用筷子
夾，很容易把魚肉夾斷。

魠魠魚清洗過久，
反而容易產生
魚腥味。

1）魠魠魚快速洗淨，
去骨，切成段，用廚
房紙巾擦乾水分。

2）美乃滋 1.5 匙、日
式味噌 1 匙、清酒 1
匙、橄欖油 1 匙充分
拌勻，均勻塗抹在每
片魠魠魚的兩面。

3）烤盤內鋪上鋁箔
紙和廚房紙巾，用噴
水壺充分噴濕紙巾；
魠魠魚魚皮面朝上，
放置在烤架上。

4）放入 230℃預熱好
的烤箱，烤 15 分鐘
後，翻面再烤 5 分鐘。

2 人份
料理時間 25 分鐘

材料
魟魠魚 1 尾
粗鹽 0.5 匙
胡椒粉 少許
橄欖油 少許

Cooking Tip
鹽烤魟魠魚可以搭配山
葵醬油沾醬，將醬油 1
匙、料理酒 0.5 匙、山葵
醬少許拌勻即可。

鹽烤
魟魠魚

1）魟魠魚去骨，切
成段，魚身劃上幾
刀。

2）魟魠魚洗淨，用
廚房紙巾擦乾，撒上
粗鹽 0.5 匙及少許胡
椒粉調味。

3）烤盤內鋪上鋁箔
紙和廚房紙巾，用噴
水壺充分噴濕紙巾；
魟魠魚魚皮面朝上，
放置在烤架上。

4）放入 230℃預熱好
的烤箱，烤 15 分鐘
後，翻面再烤 5 分鐘。

鹽烤黃魚

2 人份
料理時間 20 分鐘

材料
黃魚 2 條（約 150g）
粗鹽 1 匙

Cooking Tip
烘烤黃魚這類不去頭也不去尾，整隻烤的魚料理時，不要切開肚子取出內臟，而是從魚鰓往內臟的地方插入木製筷子，翻攪並纏住內臟，拉出來清除，較能維持魚的完整形狀。

烘烤小型魚類時，頭和尾巴的部位容易烤焦，烘烤前可以先用鋁箔紙將頭尾包起來。另外，烘烤像黃魚這種魚肉很嫩的魚種，必須等到魚肉完全熟透再翻面，才不會破壞魚的形狀。

1）用刀刮去魚鱗，取出魚的內臟，清洗乾淨；用廚房紙巾擦乾水分；魚身兩面各劃上幾刀。

2）撒上粗鹽，靜置 5 分鐘，再用廚房紙巾擦乾水分。

3）烤盤內鋪上鋁箔紙和廚房紙巾，用噴水壺充分噴濕紙巾；放上烤架和黃魚；使用燒烤功能烤 10 分鐘後，翻面再烤 5 分鐘。

鹽烤叉牙魚

2 人份
料理時間 25 分鐘

材料
叉牙魚 4 隻
粗鹽 0.5 匙
胡椒粉 少許

Cooking Tip
叉牙魚在韓國的名字叫「返默魚」。相傳韓國朝鮮時代某任君王，為了避難逃離皇宮，偶然在民間吃到一種叫「默」的魚，覺得十分美味，就幫這種魚取了一個好聽的名字叫「銀魚」。然而戰亂結束後，君王某日又想起這道魚料理，命廚師做給他吃，沒想到竟不如過去那般美味，便收回當初賜的名字。「返還『銀魚』這個賜名，重新改回『默魚』這個名字」，因此叫「返默魚」。秋天的叉牙魚魚卵飽滿，用最原味的鹽烤方式料理，最能吃出牠的鮮美！

1）叉牙魚洗淨後擦乾，用剪刀剪掉胸鰭。

2）撒上粗鹽和胡椒粉調味。

3）烤盤內鋪上廚房紙巾，用噴水壺充分噴濕紙巾；放上烤架和叉牙魚；放入250℃預熱好的烤箱，烤 15 分鐘。

烤柳葉魚

2 人份
料理時間 15 分鐘

材料
柳葉魚 10 隻

山葵沾醬材料
山葵醬 少許
美乃滋 1 匙

Cooking Tip
烤魚時,想要烤出酥脆的口感,可以多加運用多功能烤箱的燒烤功能。

家裡的烤箱沒有燒烤功能時,請用 250℃ 烤 10 分鐘。

1)柳葉魚洗淨後,用廚房紙巾擦乾。

2)烤盤內鋪上廚房紙巾,用噴水壺充分噴濕紙巾;放上烤架和柳葉魚;使用燒烤功能烤 10 分鐘。

3)山葵醬少許和美乃滋 1 匙拌勻,搭配柳葉魚一起食用。

2 人份
料理時間 20 分鐘

材料
蝦子（燒烤用）12 隻
粗鹽 1 杯
泰式甜辣醬 2 匙

Cooking Tip
製作鹽烤蝦使用過的粗
鹽，可以用棒槌敲碎，
重複再利用。

鹽烤蝦

1）用牙籤剔除蝦子
背上的黑色腸泥。

2）烤盤內鋪上廚房
紙巾，倒入粗鹽 1 杯
並鋪平，蝦子平放在
鹽巴上。

3）放入 250℃ 預熱好
的烤箱，烤 10 分鐘，
取出盛盤；盤子旁邊
倒上泰式甜辣醬 2 匙
作為沾醬。

烤貝類

2 人份

料理時間 25 分鐘
（不含貝類吐沙時間）

主材料
各式貝類（海瓜子、蛤
蜊、扇貝等）400g
粗鹽 少許
檸檬 1 顆

韓國醋辣醬材料
韓國辣椒醬 2 匙
醋 1 匙
梅子汁 1 匙
砂糖 0.3 匙

替代食材
砂糖→果糖

Cooking Tip
不同大小和種類的貝
類，烘烤時間長短會有
些許差異。烤貝類前，
可以在烤盤上將貝類分
門別類，同類歸在同一
區塊，比較方便夾取烤
熟的貝類。貝殼張開表
示已經熟了，許多種貝
類一起烤，熟的貝類要
先夾出烤箱。

海螺也
可以一起烤。

食用前，
請先淋上檸檬汁。

1）準備海瓜子、蛤蜊、
扇貝等貝類，以流動
的水清洗貝類的外殼；
用鹽水浸泡 30 分鐘讓
貝類吐沙；吐完沙的
貝類洗淨、瀝乾。

2）烤盤內鋪上鋁箔
紙或烤盤紙，放入要
烤的貝類。

3）放入 250℃ 的烤箱，烤
10 分鐘後，取出裝盤；韓
國辣椒醬 2 匙、醋 1 匙、梅
子汁 1 匙、砂糖 0.3 匙拌勻，
完成的醋辣醬與檸檬一起放
在旁邊搭配食用。

輕鬆烤出美味魚料理的方法

許多人不喜歡烹飪魚類料理，因為即使是煎一小塊魚排，也常常弄得滿屋子魚腥味，久久不散。如果你有這種困擾，快來學習如何用烤箱做魚料理吧！造成滿室魚腥味的原因其實就是煎魚、炸魚時所產生的油煙；使用烘烤或燒烤的方式烹調，非油炸所以不會產生油煙，魚肉也不容易因為翻動而斷裂，每隻魚都能烤得美美的上桌。除此之外，烤箱是利用熱對流循環將魚均勻烤熟，所以不需要像炒菜一樣，必須一直專注地注意火候，留意何時該翻面，何時又該關火。即使是較大隻的海魚，一樣放入烤箱，再按幾個按鈕，魚身再厚，也不必擔心它跟你裝熟。烤箱真是聰明的烤魚專用工具。

達人用烤箱烤魚的祕訣

1 在烤盤內鋪上廚房紙巾，用噴水壺充分噴濕紙巾；放上烤架和要烤的魚。
2 鯖魚、秋刀魚等烘烤時會流出許多油脂的魚類，烤盤內要先鋪上鋁箔紙，再鋪一張廚房紙巾，用噴水壺充分噴濕紙巾；放上烤架和要烤的魚。
3 使用水波爐等有燒烤功能的多功能烤箱，可以善用燒烤功能製作烤魚料理；烤箱沒有燒烤功能，則將溫度設定在 230~250℃，也能發揮燒烤效果。
4 做完烤魚料理，烤箱內壁多少都會沾黏到一些噴濺出來的油脂。趁著烤箱仍有餘溫時，用濕抹布沾一些小蘇打粉輕輕擦拭，或是用廚房紙巾馬上擦掉油脂，就能去除烤箱內的魚腥味。

Tip
一般來說連頭帶尾的魚料理擺盤時，魚的頭要在左邊，尾巴在右邊，魚肚子朝向吃魚的人。所以殺魚清理內臟以及烤魚時，盡量保持盛盤時上面那一面的完整。

蒲燒鰻魚

2 人份
料理時間 40 分鐘

主材料

鰻魚 2 隻
清酒 1 匙
薑汁 1 匙
蘇子葉 少許
大蒜、青辣椒 少許

蒲燒醬材料

醬油 1 杯
料理酒 1 杯
清酒 1/2 杯
砂糖 4 匙
洋蔥 1/2 顆
蔥 1/2 根
大蒜 2 瓣
肉桂棒（3cm 長）1 根

Cooking Tip

若用炭火燒烤，塗醬的烤肉很容易就會烤焦，但是使用烤箱的話，就算一次烤很多份量也可以烤得很漂亮，不會烤焦。烤鰻魚是有技巧的，醬料不要一次全部塗光，塗醬後烤乾，再重新塗醬，再烤。如此一來，鰻魚均勻沾附濃厚的醬汁，表面的醬色也光澤漂亮。

鰻魚的油脂豐富，若使用有蒸氣功能的蒸烤箱蒸烤，烤好的蒲燒鰻會更清爽可口。

塗抹烤醬時，要等先前塗的醬汁烤乾變濃稠後，再塗第二層烤醬。

1）鰻魚表面塗抹清酒 1 匙、薑汁 1 匙，靜置 10 分鐘去腥後，放入 200℃ 的烤箱，烤 10 分鐘。

2）鍋子內放入醬油 1 杯、料理酒 1 杯、清酒 1/2 杯、砂糖 4 匙、洋蔥 1/2 顆、蔥 1/2 根、大蒜 2 瓣、肉桂棒 1 根，開火煮滾後，關小火，繼續煮 10 分鐘，使蒲燒醬變濃稠。

3）烤盤鋪上廚房紙巾，用噴水壺噴濕紙巾；放上烤架和鰻魚；鰻魚雙面塗上熬煮好的蒲燒醬；放入 200℃ 烤箱烤 3 分鐘；取出鰻魚，重複步驟塗抹 3~4 次蒲燒醬，使外表披覆厚厚醬汁，再放回烤箱烤 5~6 分鐘。

4）烤好的蒲燒鰻魚裝盤，搭配蘇子葉、蒜片、青辣椒一起食用。

醬烤沙參

2 人份
料理時間 25 分鐘

主材料
沙參 6 根
粗鹽 少許

烤醬材料
韓國辣椒醬 2 匙
韓國辣椒粉 0.3 匙
醬油 0.3 匙
砂糖 0.5 匙
果糖 0.5 匙
香油 0.5 匙
芝麻鹽 0.5 匙

替代食材
沙參→桔梗根

1）沙參去皮洗淨，較大的沙參對半剖開；清水中加入少許粗鹽調成鹽水，放入沙參浸泡 10 分鐘，去除澀味；撈出沙參瀝乾，用木棒敲扁沙參鬆開纖維。

2）辣椒醬 2 匙、辣椒粉 0.3 匙、醬油 0.3 匙、砂糖 0.5 匙、糖漿 0.5 匙、香油 0.5 匙、芝麻鹽 0.5 匙攪拌均勻，製成烤醬。

3）烤醬均勻塗抹在沙參表面。

4）烤盤內鋪上鋁箔紙，放上沙參鋪平；放入 220℃的烤箱，烤 7~8 分鐘。

醬烤茄子

2 人份
料理時間 20 分鐘

主材料
茄子 2 條

烤醬材料
韓國辣椒醬 2 匙
韓國辣椒粉 0.3 匙
醬油 0.3 匙
砂糖 0.3 匙
果糖 1 匙
香油 0.5 匙
薑粉 少許
芝麻鹽 少許

Cooking Tip
烤醬塗抹在茄子上時，請塗抹均勻，塗抹不均勻的話，醬料較厚的地方很容易烤焦。

1）茄子洗淨，切掉蒂頭，剖半，切成段。

2）辣椒醬 2 匙、辣椒粉 0.3 匙、醬油 0.3 匙、砂糖 0.3 匙、果糖 1 匙、香油 0.5 匙、薑粉少許、芝麻鹽少許拌勻，製成烤醬。

3）烤盤內鋪上鋁箔紙，放上茄子鋪平；在茄子表面均勻塗抹烤醬。

4）放入 200℃的烤箱，烤 7~8 分鐘。

牛蒡牛肉捲

2 人份
料理時間 25 分鐘

主材料
牛肉片（燒烤用）250g
牛蒡 1/4 根
胡蘿蔔、蒜苔 各 50g
鹽、胡椒粉 少許

烤肉醃醬材料
醬油 1.5 匙
蠔油 0.3 匙
果糖 1 匙
料理酒 1 匙
砂糖 0.5 匙
胡椒粉、香油 少許

Cooking Tip
烤箱是最能夠將肉類料理烤得軟嫩可口的烹調工具之一。肉類主要成分為蛋白質，加熱方式會直接影響肉的口感，錯誤的方法會使肉變得老韌乾柴，不好吃。烤箱是以固定溫度烘烤，使肉品烤熟但水分不會流失，所以不會乾柴。即使是較厚的肉品，只要調整溫度，一樣能烤熟又不老韌。

也可以改放青椒或是金針菇。

1）醬油 1.5 匙、蠔油 0.3 匙、果糖 1 匙、料理酒 1 匙、砂糖 0.5 匙、胡椒粉和香油少許拌勻，製成烤肉醃醬；加入牛肉片中，拌勻靜置 10 分鐘醃入味。

2）牛蒡用刀背刮除外皮，切成細條狀；胡蘿蔔和蒜苔也切成與牛蒡差不多的大小；三樣食材汆燙備用。

3）牛肉片鋪平，放上少許牛蒡、胡蘿蔔、蒜苔，捲起來。

4）烤盤內鋪上鋁箔紙和廚房紙巾，用噴水壺充分噴濕紙巾；放上烤架和牛肉捲，放入 200℃的烤箱，烤 8~10 分鐘，取出後，撒上少許鹽巴和胡椒粉即可。

烤牛小排

牛排骨會依據切的形狀不同，而有不同的肉品名稱，
肋骨部位連骨帶肉橫切成片，稱為牛小排。切成片，
厚度變薄，很適合拿來燒烤，但是炭火燒烤時常常會
因為塗了烤醬，造成外面烤焦，裡面卻沒熟的情況。
用烤箱來烤牛小排，醬料不會烤焦，烤好的牛小排多
汁不乾柴。

2 人份
料理時間 35 分鐘

主材料
帶骨牛小排 600g
杏鮑菇 1 顆
鹽、香油 少許

烤肉醃醬材料
醬油 5 匙　　蒜泥 1 匙
砂糖 2 匙　　香油 1 匙
果糖 1 匙　　芝麻鹽、
料理酒 1 匙　胡椒粉 少許
蔥花 2 匙

替代食材
杏鮑菇→鮮香菇、
蘑菇
料理酒→清酒

Cooking Tip

牛小排直接鋪在烤盤或鋁箔紙上烤，多餘的油脂和水分無法排出，烤好的肉會濕濕爛爛的，請將烤盤內先鋪上一張廚房紙巾，用噴水器充分噴濕紙巾；放上烤架和要烤的牛小排，再放入烤箱烘烤。炒鍋炒菜前要先熱鍋，同理烤箱也要事先預熱，高溫的狀態下，可以使肉品快速烤熟，水分不易流失，更美味。

表面的水分一定要擦乾，否則會影響醃醬的味道。

2）牛小排放在冷水中浸泡 1 小時去除血水，取出後用廚房紙巾擦乾表面。

2）醬油 5 匙、砂糖 2 匙、果糖 1 匙、料理酒 1 匙、蔥花 2 匙、蒜泥 1 匙、香油 1 匙、芝麻鹽及胡椒粉少許拌勻，製成醃醬。

3）烤肉醃醬均勻塗抹在牛小排表面，靜置 10 分鐘入味；杏鮑菇直向切片，撒上少許鹽巴和香油調味。

4）烤盤內鋪上廚房紙巾，用噴水器充分噴濕紙巾；放上烤架和牛小排及杏鮑菇；放入 250℃ 預熱好的烤箱，烤 10 分鐘。

牛肉魷魚捲

2 人份
料理時間 30 分鐘

主材料

牛絞肉 70g

魷魚 1 隻

海苔 1/2 張

牛絞肉調味材料

醬油 1 匙

砂糖 0.5 匙

蔥花 1 匙

蒜泥 0.5 匙

紅辣椒末、青辣椒末 各 1/4 根

香油 0.5 匙

芝麻鹽 0.3 匙

胡椒粉 少許

牛肉魷魚捲可以一次多做幾份，一個一個分開包裝，放進冷凍庫保存。想吃的時候就拿一捲出來，用烤箱加熱食用。

1）牛絞肉中加入醬油 1 匙、砂糖 0.5 匙、蔥花 1 匙、蒜泥 0.5 匙、紅辣椒末、青辣椒末各 1/4 根、香油 0.5 匙、芝麻鹽 0.3 匙、胡椒粉少許拌勻，靜置 10 分鐘醃入味。

2）魷魚去頭、去內臟、去膜後洗淨，切開攤平；內面以 0.2cm 為間隔，橫向切出平行紋路；海苔切成和魷魚長寬差不多的大小。

3）魷魚翻面，有紋路的內面朝下，鋪上海苔、牛絞肉、魷魚腳 4~5 根後，捲成圓筒狀；放入 200℃ 預熱好的烤箱，烤 10~15 分鐘。

韓國年糕肉餅

2 人份
料理時間 30 分鐘

主材料
牛絞肉 200g
核桃 1 顆
韓國年糕條（辣炒年糕用）
8 條

牛絞肉調味材料
醬油 2 匙
砂糖 1 匙
蔥花 1 匙
蒜泥 0.5 匙
香油 0.5 匙
芝麻鹽 0.3 匙
胡椒粉 少許

替代材料
韓國年糕條（辣炒年糕用）
→韓國傳統大年糕條
核桃→杏仁、松子

烤箱若沒有事先預熱，只要多烤 5 分鐘即可。

1）醬油 2 匙、砂糖 1 匙、蔥花 1 匙、蒜泥 0.5 匙、香油 0.5 匙、芝麻鹽 0.3 匙、胡椒粉少許拌勻；核桃搗碎。

2）調味料和核桃倒入牛絞肉中拌勻，反覆摔打出筋性。

3）摔打出筋性的牛絞肉包覆在年糕條外面。

4）烤盤內鋪上廚房紙巾，用噴水器充分噴濕紙巾；放上烤架和年糕肉排；放入 200℃預熱好的烤箱，烤 10 分鐘。

銀杏牛肉丸

2 人份
料理時間 30 分鐘

主材料	牛絞肉調味料
洋蔥 1/8 顆	醬油 1.5 匙
鮮香菇 1 朵	砂糖 0.5 匙
蘇子葉 2 片	果糖 0.3 匙
銀杏 10~15 顆	薑汁 少許
食用油 少許	蔥花 1 匙
牛絞肉 150g	蒜泥 0.3 匙
鹽、胡椒粉 少許	香油 0.5 匙

Cooking Tip
牛絞肉要先調味好，等調味料
都吸收到肉裡面，再放入蔬菜
和香菇拌勻。如果先放蔬菜再
放調味料，絞肉無法入味，蔬
菜也容易生水，失去口感。

1）洋蔥、鮮香菇切
成小丁；蘇子葉切成
2cm 長的細絲；平底
鍋倒入食用油，放入
銀杏炒熟後，剝掉外
膜。

2）牛絞肉中放入醬油 1.5 匙、
砂糖 0.5 匙、果糖 0.3 匙、薑
汁少許、蔥花 1 匙、蒜泥 0.3
匙、香油 0.5 匙，反覆攪拌使
調味料都吸收到絞肉裡，接著
放入洋蔥、鮮香菇、蘇子葉及
銀杏拌勻。

3）拌好的牛絞肉分
成數等份，每份放入
一顆銀杏；搓揉成圓
球後，用手掌輕輕壓
成扁平狀。

4）肉丸子放在烤盤
紙上，放入 220℃ 的
烤箱，烤 10 分鐘。
取出後，撒上少許鹽
和胡椒粉調味。

2 人份
料理時間 50 分鐘

材料
豬五花肉（1 塊）600g
大蒜 2 瓣
洋蔥 1 顆
鹽、胡椒粉 少許
甘草 2 片

沾醬材料
韓國辣椒醬 1 匙
韓國大醬 1 匙
蒜泥 少許
辣椒末 少許
芝麻 少許
香油 少許

替代食材
豬五花肉→梅花肉

Cooking Tip
烤大塊豬五花肉時，先
以 230℃ 烤到五花肉表面
上色，再將溫度調低至
200℃ 繼續烘烤，就能使
五花肉的表面不烤焦，
裡面也能充分熟透。另
外，容器上方用鋁箔紙
包蓋好，可以保持五花
肉的水分，有半蒸半烤
的效果，若使用蒸烤箱
則不需要覆蓋鋁箔紙。

甘草五花肉 & 沾醬

洋蔥切得太薄，邊
緣容易烤焦，務必
要切厚一點。

用洋蔥墊底，不
僅能去除五花肉
的腥味，還有助
肉質軟化。

1）準備整塊的豬五
花肉，切成 5cm 厚；
蒜瓣切片；洋蔥切成
圓形厚片。

2）五花肉用少許鹽
和胡椒粉調味後，放
上蒜片及甘草片。

3）洋蔥鋪在烤箱用容器內
墊底，再放上五花肉，容器
用鋁箔紙包好，放入 230℃
的烤箱，烤 40 分鐘。烤好
後，取出稍微放涼，切成薄
片。辣椒醬 1 匙、大醬 1 匙、
蒜泥及辣椒末、芝麻、香油
少許攪拌混和成為沾醬。

泡菜炒飯牛肉捲

肉捲（Meat Loaf）是將絞肉捏塑成土司狀烘烤的料理，
在歐美家庭料理中很常見，也是可以用烤箱製作的代表料理之一。
可以在裡面包入水煮蛋或是大塊青菜。
這道食譜經過改良，放入韓國泡菜炒飯。

Cooking Tip

肉捲可以多做幾份，用鋁箔
紙包好，放入冷凍庫保存。
要吃之前，不要解凍，直接
放入烤箱烘烤即可。

2 人份	主材料	牛絞肉調味材料	替代食材
料理時間 40 分鐘	白飯 1/2 碗	洋蔥 1/4 顆	飯 → 韓國年糕
	韓國泡菜 2 片	蘑菇 2 顆	
	洋蔥 1/4 顆	鰹魚露 1 匙	
	青椒 1/6 顆	胡椒粉 少許	
	食用油 少許	雞蛋 1/4 顆	
	鹽、胡椒粉 少許	麵包粉 1/4 杯	
	牛絞肉 200g		
	日式豬排醬 少許		

1）準備熱呼呼的白飯；韓國泡菜、洋蔥、青椒切成小丁。

2）牛絞肉調味材料中的洋蔥、蘑菇切成小丁，放入平底鍋炒香後，放涼備用。

3）平底鍋中放入食用油、泡菜丁及洋蔥丁稍微拌炒後，加入白飯繼續拌炒，再加入青椒丁、鹽、胡椒粉調味拌勻。

4）牛絞肉中放入鰹魚露 1 匙、胡椒粉少許稍微調味後，再放入雞蛋 1/4 顆、麵包粉 1/4 杯、炒過的洋蔥丁及蘑菇丁一起拌勻。

5）砧板上鋪一張烤盤紙或鋁箔紙，拌好的牛絞肉鋪成稍厚的長方形平面，放上炒好的泡菜炒飯，捲成條狀。

肉捲的厚度會影響烘烤所需的時間，請斟酌調整時間。

6）肉捲放入 200℃ 預熱好的烤箱，烤 10~15 分鐘。取出後，切成適口的大小盛盤，搭配日式豬排醬一起享用。

菇狀牛肉烤飯糰

偏食嚴重的小孩或大人都不怎麼喜歡吃蔬菜，
在牛絞肉中拌入各種蔬菜包在飯上面，再怎麼偏食的人都會喜歡這道料理。
當牛絞肉的湯汁滲入飯裡，會更加美味。

Cooking Tip

要製作成香菇狀的飯糰，
牛絞肉只要覆蓋住白飯的
一半表面即可；另外也可
以用牛絞肉完全包覆白飯，
製作成丸子狀。

2 人份 料理時間 30 分鐘 **替代食材** 白飯→糙米飯、 紫米飯	**主材料** 牛絞肉 150g 蔬菜丁 1/2 杯 （洋蔥、青椒、胡 蘿蔔、玉米等） 白飯 1 碗 橄欖油 適量	**牛絞肉調味材料** 醬油 2.5 匙 砂糖 0.5 匙 果糖 1 匙 料理酒 1 匙 香油 0.5 匙 蒜泥 0.5 匙 鹽、胡椒粉 少許	**塗醬材料** 番茄醬 2 匙 蠔油 0.5 匙 清酒 1 匙 蒜泥 0.3 匙 水 2 匙

1）牛絞肉中加入醬油 2.5 匙、砂糖 0.5 匙、果糖 1 匙、料理酒 1 匙、香油 0.5 匙、蒜泥 0.5 匙、鹽及胡椒粉少許攪拌均勻。

2）切成玉米粒大小的蔬菜丁（洋蔥、青椒、胡蘿蔔、玉米等）放入牛絞肉中，持續攪拌至牛肉出現筋性。

3）熱騰騰的白飯搓揉成同樣大小的小球狀。

家裡沒有迷你馬芬烤模，請在一般烤盤上抹油，將飯糰保持間距擺放，放入烤箱烘烤。

4）取一些調味好的牛絞肉包覆在白飯上，搓圓；迷你馬芬烤模內抹油，牛肉飯糰放入烤模中，放入 200℃ 預熱好的烤箱，烤 10 分鐘。

5）鍋子中放入番茄醬 2 匙、蠔油 0.5 匙、清酒 1 匙、蒜泥 0.3 匙、水 2 匙煮滾，塗抹在烤好的牛絞肉表面。

烤豬肋排

2 人份
料理時間 30 分鐘
（不包含放血時間）

主材料
豬肋排 1 塊
洋蔥 1 顆
鹽、胡椒粉 少許

烤醬材料
番茄醬 4 匙
韓國辣椒醬 2 匙
果糖 2 匙
砂糖 1 匙
蠔油 0.3 匙
蒜泥 1 匙
水 1/4 杯

Cooking Tip
烤醬如果一次全部塗抹，
沒辦法完全披覆在肉的表
面，很容易烤焦。用刷子
塗上一層烤醬後，烤 2~3
分鐘收乾，再重新塗醬烘
烤，同樣的步驟反覆數次，
就能使烤醬充分披覆在肉
的表面，也不會烤焦。

1）豬肋排浸泡在冷
水中約 30 分鐘，充
分去除血水。

2）洋蔥切成 1cm 厚
圓片，平放在鋪好烤
盤紙或鋁箔紙的烤盤
上墊底，放上豬肋排；
放入 200℃ 的烤箱，
烤 15 分鐘。

3）取一個鍋子，放
入番茄醬 4 匙、辣椒
醬 2 匙、果糖 2 匙、
砂糖 1 匙、蠔油 0.3
匙、蒜泥 1 匙、水
1/4 杯，煮 5 分鐘呈
濃稠狀。

4）在豬肋排表面塗
抹烤醬，放入 220℃
的烤箱，烤 10 分鐘，
烘烤過程中記得取出
肋排反覆塗抹烤醬約
3~4 次。

2 人份
料理時間 20 分鐘

材料
豬五花肉 150g
糯米椒 10 根
香蒜粉、鹽、胡椒 少許

Cooking Tip
捲五花肉時,盡量使每
個肉捲的大小一致,烘
烤時,才能在相同的時
間內都均勻烤熟。

五花肉
捲糯米椒

1)準備薄片的五花
肉片,切成 2 等份。

2)糯米椒的蒂頭切
掉,洗淨後,擦乾水
分。

3)在五花肉片表面
撒上香蒜粉、鹽、胡
椒粉調味,放上糯米
椒捲成肉捲。

4)放入 220℃預熱好
的烤箱,烤 10~15 分
鐘。

豬肉片
佐涼拌水果絲

2 人份
料理時間 30 分鐘

主材料
豬小里肌（腰內肉）1 塊
（400g）
小黃瓜 1/2 根
蘋果 1/4 顆
紅棗 2 粒
松子 1 匙
鹽巴 少許

豬肉調味材料
料理酒 1 匙
鹽、胡椒粉 少許

芥末醬材料
黃芥末醬 0.5 匙
醋 2 匙
砂糖 1.5 匙
煉乳 0.5 匙
鹽 少許

1）豬肉先撒上料理酒 1 匙、鹽巴及胡椒粉少許去腥並調味；烤盤鋪上烤盤紙或鋁箔紙，放上豬肉，放入 220℃的烤箱，烤25 分鐘。取出放涼後，切成薄片裝盤。

2）小黃瓜、蘋果、紅棗切成絲。

3）黃芥末醬 0.5 匙、醋 2 匙、砂糖 1.5 匙、煉乳 0.5 匙、鹽少許拌勻，製成芥末醬。

4）小黃瓜絲、蘋果絲、紅棗絲放入攪拌盆中，倒入芥末醬一起拌勻。搭配豬肉片一起食用。

涼拌雞絲

2 人份
料理時間 30 分鐘

主材料
雞胸肉 2 塊
綠豆芽 100g
青辣椒 2 根
紅辣椒 1/2 根
小黃瓜 1/3 根

雞胸肉調味材料
料理酒 1 匙
鹽、胡椒粉 少許

蒜味醬材料
黃芥末醬 0.5 匙
醋 1 匙
砂糖 0.5 匙
果糖 0.5 匙
醬油 0.3 匙
蒜泥 0.3 匙
鹽 少許

替代食材
青辣椒→水芹、青椒

1）雞胸肉撒上料理酒 1 匙、鹽巴及胡椒粉少許去腥並調味；放入 180℃ 預熱好的烤箱，烤 15 分鐘。取出放涼後，雞胸肉撕成絲狀。

2）綠豆芽洗淨後瀝乾，去掉頭尾；青辣椒和紅辣椒切成 4cm 長的細絲；小黃瓜刨成細絲。

3）綠豆芽、青辣椒絲及紅辣椒絲分別用熱水汆燙一下，再用冰水冰鎮後，瀝乾。

4）攪拌盆中放入雞絲、小黃瓜絲、青紅辣椒絲，再倒入黃芥末醬 0.5 匙、醋 1 匙、砂糖 0.5 匙、果糖 0.5 匙、醬油 0.3 匙、蒜泥 0.3 匙、鹽巴少許，拌勻後即可食用。

韓式辣味蔥雞

浸泡冰水，可以去除蔥的辛辣，保留蔥的清甜和爽脆口感。

2 人份
料理時間 30 分鐘

主材料
雞腿肉 300g
蔥 2 根

雞腿肉調味材料
韓國辣椒醬 3 匙
醬油 1 匙
韓國辣椒粉 1 匙
砂糖 0.5 匙
果糖 1 匙
蒜泥 2 匙
薑粉 少許
香油、芝麻鹽 少許

Cooking Tip
烤雞腿肉時，請使用寬一點的容器盛裝，使雞腿能充分攤開鋪平，不要重疊，才能均勻烤熟。

1）雞腿去骨後切成大塊，放入辣椒醬 3 匙、醬油 1 匙、辣椒粉 1 匙、砂糖 0.5 匙、果糖 1 匙、蒜泥 2 匙、薑粉少許、香油及芝麻鹽少許，拌勻後靜置 10 分鐘醃入味。

2）蔥切成絲，用冰水浸泡後，擦乾水分。

3）放入 220℃ 預熱好的烤箱，烤 10~15 分鐘，取出後放上蔥絲一起食用。

2 人份
料理時間 30 分鐘

主材料
雞腿肉 300g
鹽、清酒 少許

雞腿肉調味材料
韓國辣椒醬 2 匙
韓國柚子醬 1 匙
韓國辣椒粉 0.5 匙
清酒 1 匙
醬油 0.5 匙
砂糖 0.3 匙
蔥花 1 匙
蒜泥 0.5 匙
薑末 少許
胡椒粉 少許

柚香雞腿肉

1）雞腿肉的雞皮那一面劃上幾刀，使雞皮在加熱時不會捲曲，撒上鹽巴及清酒少許靜置 10 分鐘，去腥並調味。

2）辣椒醬 2 匙、柚子醬 1 匙、辣椒粉 0.5 匙、清酒 1 匙、醬油 0.5 匙、砂糖 0.3 匙、蔥花 1 匙、蒜泥 0.5 匙、薑末及胡椒粉少許拌勻，製成醃醬。

3）雞腿肉和醃醬拌勻，靜置 10 分鐘醃入味；放入 220℃ 的烤箱，烤 10~15 分鐘。

搭配肉類的
醃漬蔬菜

6 人份
料理時間 15 分鐘

主材料
小黃瓜 2 條
洋蔥 1 顆
胡蘿蔔 1/6 根
青辣椒、紅辣椒 各 1 根

醃漬湯汁材料
水 1 杯
醋 3/4 杯
砂糖 1 杯
鹽 2 匙
醃漬香料 1 匙

醃漬用的醋用糙米醋、釀造醋或蘋果醋較適合。

醃漬 4 小時左右即可食用。若想要保存久一點，蔬菜不要切，請直接用整根蔬菜醃漬。

1）小黃瓜、洋蔥、胡蘿蔔、青辣椒、紅辣椒等蔬菜洗淨後，切成小拇指的大小，放入醃漬容器內。

2）取一個鍋子，放入水 1 杯、醋 3/4 杯、砂糖 1 杯、鹽 2 匙、醃漬香料 1 匙後，開火煮 3 分鐘。

3）趁熱將醃漬湯汁倒入裝有蔬菜的容器內，稍微靜置降溫後，蓋上蓋子，放入冰箱冷藏保存。

8 人份
料理時間 20 分鐘

主材料
高麗菜 1/2 顆（750g）
紅辣椒 1/2 根
昆布（5x5cm）1 片

醃漬湯汁材料
水 1/2 杯
醋 5 匙
砂糖 3.5 匙
鹽 1.5 匙
洋蔥汁 3 匙
蒜泥 1 匙

搭配肉類的
涼拌高麗菜絲

高麗菜絲只需要
醃漬一下，入味
即可食用，保存
期限 10 天。

1）高麗菜洗淨後，
切成大約 5cm 長的細
絲；紅辣椒稍微切碎；
昆布用冷水泡軟，切
成 4cm 長條狀。

2）水 1/2 杯、醋 5
匙、砂糖 3.5 匙、鹽
1.5 匙、洋蔥汁 3 匙、
蒜泥 1 匙充分攪拌均
勻，直到砂糖完全融
化。

3）攪拌盆中放入高
麗菜絲、紅辣椒、昆
布後，倒入醃漬湯汁
充分攪拌均勻，裝入
保鮮容器，放入冰箱
冷藏保存。

搭配肉類的
韓式醃漬洋蔥

6 人份
料理時間 15 分鐘

主材料
洋蔥 2 顆
昆布（5x5cm）1 片

醃漬湯汁材料
醬油 1/2 杯
水 1/4 杯
醋 1/8 杯
砂糖 2 匙

放入小黃瓜、青辣椒、紅辣椒會更加美味。

醃漬 4 小時左右即可食用。若想要保存久一點，洋蔥不要切，直接用整顆洋蔥醃漬。

1）洋蔥洗淨後，切成小拇指的大小，放入醃漬容器內。

2）取一個鍋子，放入醬油 1/2 杯、水 1/4 杯、醋 1/8 杯、砂糖 2 匙後，開火煮 3 分鐘，製成醃漬湯汁。

3）醃漬湯汁倒入裝有洋蔥的容器，稍微靜置降溫後，蓋上蓋子，放入冰箱冷藏保存。

香辣烤魷魚

2 人份
料理時間 20 分鐘

主材料
魷魚 1 隻
細香蔥 少許

辣烤醬材料
韓國辣椒醬 2 匙
韓國辣椒粉 0.5 匙
醬油 1 匙
料理酒 1 匙
砂糖 0.5 匙
果糖 1 匙
蒜泥 1 匙
香油 1 匙

Cooking Tip
用汆燙或是烹煮的方式料理
海鮮，海鮮的自然鮮甜容易
流失在湯湯水水中；用烘烤
的話，不需要用水，直接烤
熟食物，營養不易流失，
海鮮的自然鮮甜也能充分保
留。烤箱可以說是海鮮料理
的最佳烹飪工具。

魷魚買回來，若不
馬上使用，請先去
除內臟，再放入冰
箱保存。

1）魷魚去除內臟後
洗淨，分成身體和腳
兩部分，身體用刀劃
出以 1cm 為間隔的細
密刀痕。

2）辣椒醬 2 匙、辣
椒粉 0.5 匙、醬油 1
匙、料理酒 1 匙、砂
糖 0.5 匙、果糖 1 匙、
蒜泥 1 匙、香油 1 匙
拌勻，製成辣烤醬。

3）辣烤醬均勻塗抹
在魷魚表面。

4）烤盤內鋪上烤盤
紙或鋁箔紙，放上魷
魚；放入 250℃的烤
箱，烤 10 分鐘；烤
好後，取出裝盤，將
細香蔥切成蔥花，撒
在魷魚表面。

烤章魚串

2 人份
料理時間 30 分鐘

主材料
章魚 2 隻
鹽 少許

辣烤醬材料
韓國辣椒醬 2 匙
醬油 0.5 匙
砂糖 0.5 匙
果糖 0.5 匙
蒜泥 0.5 匙
蔥花 1 匙
香油 0.5 匙
芝麻鹽 少許

1）章魚撒上少許鹽，用力搓揉清洗乾淨後，纏繞在免洗筷上。

2）辣椒醬 2 匙、醬油 0.5 匙、砂糖 0.5 匙、果糖 0.5 匙、蒜泥 0.5 匙、蔥花 1 匙、香油 0.5 匙、芝麻鹽少許攪拌均勻，製成辣烤醬。

3）烤盤內鋪上廚房紙巾，用噴水壺充分噴濕紙巾；放上烤架和章魚串；放入200℃的烤箱，烤 10分鐘。

4）取出章魚串，塗上一層辣烤醬，放回烤箱以 200℃烤 2~3分鐘，再取出，塗第二層辣烤醬，放回烤箱再烤 3~4 分鐘。

香菇鑲蝦球

2 人份
料理時間 30 分鐘

主材料
鮮香菇 8 朵
蝦仁 1/4 杯
豆腐 1/8 塊（約 25g）
麵粉 少許

香菇調味材料
鰹魚露 0.5 匙
香油 少許

內餡調味材料
醬油 0.5 匙
蔥花 1 匙
蒜泥 0.3 匙
鹽、胡椒粉少許
香油 少許

1）香菇的蒂頭切除，洗淨擦乾水分，用鰹魚露 0.5 匙及香油少許塗抹在香菇表面調味。

2）蝦仁和豆腐搗成泥，加入醬油 0.5 匙、蔥花 1 匙、蒜泥 0.3 匙、鹽、胡椒粉及香油少許調味。

3）香菇內側塗上少許麵粉，餡料鑲入香菇內。

4）鑲好內餡的香菇放入烤箱用容器，再放入 200℃的烤箱，烤 10 分鐘。

海鮮辣炒年糕

2 人份
料理時間 25 分鐘

主材料
韓國年糕條 250g
魷魚 1/2 隻
高麗菜 2 片
洋蔥 1/2 顆
青辣椒 1 根
莫扎瑞拉起司 1/2 杯

調味醬材料
韓國辣椒醬 2 匙
韓國辣椒粉 0.5 匙
醬油 1 匙
砂糖 1.5 匙
蠔油 0.5 匙
香油 1 匙
蒜泥 0.5 匙

替代食材
韓國年糕條→年糕片

也可以使用蒸烤
箱烘烤 15 分鐘。

1）年糕條用溫水泡
軟後，瀝乾水分。

2）魷魚切成適口大
小，高麗菜和洋蔥切
小塊；青辣椒切片。

3）年糕條、魷魚、高麗菜、
洋蔥、青辣椒放入烤箱用容器；
辣椒醬 2 匙、辣椒粉 0.5 匙、
醬油 1 匙、砂糖 1.5 匙、蠔油
0.5 匙、香油 1 匙、蒜泥 0.5 匙
拌勻，淋在年糕條及食材上，
表面鋪滿莫扎瑞拉乳酪。

4）放入 220℃預熱好
的烤箱，烤 15 分鐘。

蒸烤鯛魚

2 人份
料理時間 30 分鐘

主材料
鯛魚 1 隻
清酒 少許
鹽、胡椒粉 少許
蔥、薑 少許
細香蔥 50g（約 3 根）
紅辣椒 1/2 根
食用油 3 匙

醬汁材料
蠔油 1 匙
清酒 2 匙
醬油 少許
砂糖 0.5 匙
水 3 匙

替代食材
鯛魚→石斑魚
細香蔥→蔥

1）鯛魚的魚鱗刮除，去除內臟，洗淨後擦乾，在魚身劃數道深切痕，撒上清酒、鹽、胡椒粉少許去腥並調味。

2）蔥、薑、紅辣椒切成 4cm 長細絲；細香蔥切成蔥花。

3）鯛魚表面鋪上蔥絲、薑絲；放入 180℃烤箱烤 20 分鐘，烤熟後取出盛盤，撒上細香蔥和紅辣椒絲；取一個鍋子，放入蠔油 1 匙、清酒 2 匙、醬油少許、砂糖 0.5 匙、水 3 匙煮滾。

4）食用油 3 匙燒熱後，淋在鯛魚上，再淋上煮好的醬汁。

無油健康料理

韓式海鮮雜菜拌冬粉

「雜菜拌冬粉」是將各種食材分開炒過後，與冬粉攪拌在一起的
韓國代表菜。每個食材都分開炒，油的使用量多，步驟也繁複。
改用烤箱製作雜菜拌冬粉，所有食材一起煮熟，也不需要加食用
油，清爽不油膩。「雜菜拌冬粉」不再是逢年過節才吃，也可以
當做每天吃的清爽家常菜噢！

Cooking Tip

雜菜拌冬粉的食材放入烤箱
用容器內時，最底部要先放
容易生水的食材，中間放冬
粉，冬粉才不會因為接觸底
面而燒乾。

2 人份	主材料	調味材料	替代食材
料理時間 30 分鐘 （不含冬粉 泡水的時間）	韓國冬粉 150g 魷魚 1/4 隻 蝦仁 1/4 杯 胡蘿蔔 1/8 根 洋蔥 1/4 顆 乾香菇 3 朵 菠菜 150g 鹽、胡椒粉 少許	醬油 3 匙 砂糖 2 匙 芝麻鹽 1 匙 香油 1 匙	魷魚→章魚、短鞘

1）韓國冬粉用溫水浸泡 3 小時以上，充分泡軟。

2）魷魚切成細條；蝦仁去腸泥。

3）胡蘿蔔、洋蔥切絲；香菇泡軟後擰乾，切絲；菠菜洗淨後瀝乾。

製作雜菜拌冬粉時，使用的烤箱用容器要選擇形狀寬且淺的耐熱玻璃，食材才能均勻受熱。

4）取一個烤箱用容器，先放入魷魚、蝦仁、香菇，再放上蔬菜類及泡軟的韓國冬粉。

5）用鋁箔紙包住容器的碗口；放入 230℃ 預熱好的烤箱，烤 20 分鐘。

6）食材都煮熟後，從烤箱中取出容器，倒入醬油 3 匙、砂糖 2 匙、芝麻鹽 1 匙、香油 1 匙後，充分拌勻即可食用。

年糕牛肉串燒

鹽只要
撒一點點即可。

2 人份
料理時間 25 分鐘

主材料

牛肉（燒烤用）200g
韓國大年糕條（長 20cm）1 條
鹽、橄欖油 少許

牛肉調味材料

醬油 2 匙
砂糖 0.5 匙
果糖 1 匙
清酒 1 匙
蔥花 1 匙
蒜泥 0.5 匙
芝麻鹽 0.3 匙
香油 0.5 匙
胡椒粉 少許

Cooking Tip

用炭火一次燒烤很多串烤肉，要花很多心力才不會烤焦，改用烤箱烤的話，許多種食材一起烤不僅不會烤焦，外觀也能保持完整，真的很方便，請多加運用家裡的烤箱烤肉吧！

1）燒烤用牛肉切成適口大小，加入醬油 2 匙、砂糖 0.5 匙、果糖 1 匙、清酒 1 匙、蔥花 1 匙、蒜泥 0.5 匙、芝麻鹽 0.3 匙、香油 0.5 匙、胡椒粉少許拌勻，靜置 10 分鐘醃入味。

2）大年糕條切成 3cm 長，再對半剖開，較硬的年糕，用熱水稍微汆燙使其變軟。加入鹽及橄欖油少許，稍微調味。

3）年糕和牛肉串在竹籤上。

4）烤盤內鋪上烤盤紙或鋁箔紙，放上烤肉串；放入 220℃ 的烤箱，烤 7~8 分鐘。

珠蔥牛肉串燒

2 人份
料理時間 25 分鐘

主材料
牛肉（燒烤用）200g
珠蔥 100g
香油 少許

牛肉調味材料
醬油 2 匙
砂糖 1 匙
蔥花 0.5 匙
蒜泥 0.5 匙
芝麻鹽 少許
香油、胡椒粉 少許

珠蔥不要一次只串
一枝，可以多串幾
枝，會更加美味。

1）牛肉切得比珠蔥長些，用刀背輕敲牛肉使肉筋斷裂，加入醬油 2 匙、砂糖 1 匙、蔥花 0.5 匙、蒜泥 0.5 匙、芝麻鹽及香油、胡椒粉少許拌勻，放 10 分鐘入味。

2）珠蔥整齊排好，切成 6cm 長，蔥白太厚的話，可以用刀背輕拍成扁平狀，淋上少許香油拌勻。

3）珠蔥和牛肉輪流插在竹籤上，串成燒肉串。

4）烤盤內鋪上烤盤紙或鋁箔紙，放上烤肉串；放入 220℃ 的烤箱，烤 7~8 分鐘。

韓式烤肉餅

2 人份
料理時間 30 分鐘

主材料
牛絞肉 200g
豆腐 1/4 塊（約 50g）
食用油 少許

牛絞肉調味材料	**豆腐調味材料**
醬油 2 匙	鹽 少許
砂糖 0.5 匙	香油 0.5 匙
蔥花 2 匙	胡椒粉 少許
蒜泥 1 匙	
香油 1 匙	
芝麻鹽 1 匙	
胡椒粉 少許	

Cooking Tip
製作韓式烤肉餅時，要用刀子在拌好的肉餅上，反覆壓出細密的刀痕，即使這個步驟很麻煩，仍請務必確實在肉餅上壓出細密的刀痕。

務必充分攪拌出筋性，烘烤時肉餅才不會散開。

也可以在烤盤內鋪上鋁箔紙，放上肉餅烘烤。

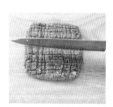

1）在牛絞肉中加入醬油 2 匙、砂糖 0.5 匙、蔥花 2 匙、蒜泥 1 匙、香油 1 匙、芝麻鹽 1 匙、胡椒粉少許後，攪拌均勻，靜置 5 分鐘醃入味。

2）豆腐用刀子壓碎，在紗布中瀝乾水分，加入鹽少許、香油 0.5 匙、胡椒粉少許調味後，與牛絞肉一起攪拌，直到絞肉出現筋性。

3）絞肉鋪成四方形平面，用刀子在肉餅表面細密地壓出橫豎交錯的刀痕，翻面後，背面重複壓刀痕的步驟。

4）烤箱用容器內塗抹食用油，放上肉餅；放入 220℃ 的烤箱，烤 10 分鐘。

茄子牛肉串燒

2 人份
料理時間 25 分鐘

主材料
牛肉（燒烤用）200g
茄子 1 條
鹽 少許
橄欖油 少許

牛肉調味材料
醬油 3 匙
砂糖 1 匙
果糖 1 匙
清酒 1 匙
蔥花 2 匙
蒜泥 1 匙
芝麻鹽 0.5 匙
香油 1 匙
胡椒粉 少許

替代食材
茄子→杏鮑菇、蘑菇

1）牛肉切成適口大小，加入醬油 3 匙、砂糖 1 匙、果糖 1 匙、清酒 1 匙、蔥花 2 匙、蒜泥 1 匙、芝麻鹽 0.5 匙、香油 1 匙、胡椒粉少許，靜置 10 分鐘醃入味。

2）茄子洗淨，擦乾，切成細長的 3cm 小條。

3）茄子和牛肉交錯串在竹籤上。

4）烤盤內鋪上烤盤紙或鋁箔紙，放上烤肉串；放入 220℃的烤箱，烤 10 分鐘。

原味烤馬鈴薯、
烤地瓜、烤雞蛋

2 人份
料理時間 35 分鐘

材料
馬鈴薯 2 顆
地瓜 2 顆
雞蛋 2 顆

◆◇◆◇◆◇◆◇◆◇◆

用烤箱烤熟蔬菜的料理
方式，因為不使用水，
可以減少維生素流失，
更能保留住蔬菜的原
味。

1）馬鈴薯和地瓜的
表皮清洗乾淨，想要
吃較乾鬆的烤馬鈴薯
或烤地瓜，直接放
入烤箱烤；想要吃半
蒸烤感覺的馬鈴薯或
地瓜，可用鋁箔紙包
好，再放入烤箱烤。

2）用一般烤箱烤雞
蛋，請用鋁箔紙先包
好；使用具有蒸氣功
能的烤箱，直接放入
蒸烤即可。

3）馬鈴薯和地瓜放
入 230℃的烤箱，烤
20~30 分鐘。

4）一般烤箱烤雞蛋，
請用 180℃烤 15 分
鐘；蒸烤箱烤雞蛋，
請以 140℃烤 20 分
鐘。

香草烤薯塊

2 人份
料理時間 25 分鐘

主材料
馬鈴薯 2 顆

調味材料
橄欖油 1 匙
紐奧良綜合香料粉 1 匙
香料鹽 少許

替代食材
馬鈴薯→小馬鈴薯 15 顆

Cooking Tip
紐奧良綜合香料粉又稱卡津香料粉（Cajun Spices），主要是烘烤雞肉料理時添加香辣味和鹹味的調味料，在販賣辛香料食材的店家都買得到。未用完的紐奧良綜合香料粉請用密封容器裝好，放常溫下保存。

使用小馬鈴薯的話，洗淨後，連皮對半切。

1）馬鈴薯洗淨，連皮切成半月形，每顆約可切 6~8 等份。

2）攪拌盆中放入馬鈴薯、橄欖油 1 匙、紐奧良綜合香料粉 1 匙、香草鹽少許，攪拌均勻。

3）烤盤內鋪上烤盤紙或鋁箔紙，馬鈴薯鋪平；放入 230℃ 烤箱，烤 15~20 分鐘。

烤馬鈴薯佐酸奶油 & 烤地瓜佐奶油煉乳

2 人份
料理時間 30 分鐘

主材料
馬鈴薯 2 顆
地瓜 2 顆
酸奶油 1/2 杯
洋香菜葉 少許

奶油醬材料
奶油 2 匙
煉乳 0.5 匙

Cooking Tip
烤馬鈴薯是美式家庭和餐廳常見的一道料理。可以在大型超市購買烘烤用的整顆冷凍熟馬鈴薯,回家後,將冷凍馬鈴薯用鋁箔紙包好,不用解凍,直接放入烤箱烤 20~25 分鐘即可。

大小不同,所需的烘烤時間也有差異,烘烤時盡量選擇大小差不多的一起烤。

請用牙籤或筷子戳戳看,確認中心是否熟透。

1)馬鈴薯和地瓜用鋁箔紙包好,放入 230℃預熱好的烤箱,烤 20~25 分鐘。

2)烤好的馬鈴薯中央劃一道深切口,酸奶油塗抹在切口內,撒上洋香菜葉碎末。

3)預先從冰箱取出奶油 2 匙,待軟化與煉乳 0.5 匙一起拌勻,塗抹在烤好的地瓜切口內。

焗烤地瓜

2 人份
料理時間 40 分鐘

材料
地瓜 2 顆
乳酪片 1 片
香蕉 1 根
鮮奶油 2 匙
莫扎瑞拉乳酪 1/4 杯

1）地瓜連皮，放入 220℃ 的烤箱，烤 20~25 分鐘後取出。對半剖開，邊緣保留厚度約 1 公分，其餘地瓜肉用湯匙挖出，裝在其他容器中。

2）乳酪片撕成小塊；香蕉切成 0.2cm 厚的薄片。

3）挖出的地瓜肉、乳酪片、香蕉、鮮奶油一起攪拌均勻。

4）步驟 3 填入事先挖空的地瓜皮中，表面撒滿莫扎瑞拉乳酪，放入 200℃ 預熱好的烤箱，烤 10 分鐘。

烤南瓜

2 人份
料理時間 30 分鐘

材料
南瓜 1/2 顆

Cooking Tip
南瓜去籽後，用烤箱烤
熟，用湯匙挖出南瓜肉，
用來做沙拉、調味，或
是製作南瓜馬芬都是不
錯的選擇。

1）南瓜剖開，用湯匙將籽挖掉，切成適當的大小。

2）南瓜放在烤盤上，放入 200℃的烤箱，烤 20~25 分鐘。

香草烤南瓜

2 人份
料理時間 25 分鐘

材料
南瓜 1/2 顆
橄欖油 2 匙
香料鹽 少許

替代食材
香料鹽→鹽、胡椒粉

Cooking Tip
香料鹽是很方便的調味品，也可以用乾燥的羅勒、迷迭香、奧勒岡或新鮮香草，會更增添豐富香氣。

> 切南瓜時，大小要一致，才能同時烤熟。

1）南瓜表皮洗淨，將籽挖除，切成大小差不多的三角形。

2）南瓜放入烤箱用容器，撒上橄欖油和香料鹽，放置在烤盤上。

3）放入 200℃ 的烤箱，烤 15~20 分鐘。

烤大蒜

2 人份
料理時間 20 分鐘

材料
整顆大蒜 3~4 顆
橄欖油 少許
鹽 少許

Cooking Tip
烘烤過的大蒜蒜瓣取出
後，搗成泥，可以製作
蒜味麵包的大蒜抹醬。

1）大蒜的表皮稍微用水清洗一下，從大蒜頂端往下約 1/3 處橫切開來。

2）使用橫切剖開的下半部大蒜，在斷面處淋上橄欖油並撒上鹽巴調味。

3）大蒜裝入烤箱用容器，放置在烤盤上，放入 230℃ 預熱好的烤箱，烤 15 分鐘。

烤蒜瓣銀杏

2 人份
料理時間 20 分鐘

材料
大蒜 10 瓣
銀杏 10 顆
橄欖油 少許
鹽、胡椒粉 少許

大顆大蒜可以切
一半,小顆大蒜
請直接使用。

1)大蒜去膜後,用水洗淨。

2)銀杏放入平底鍋炒熟,剝掉外殼。

3)銀杏和大蒜放入烤箱用容器,淋上橄欖油並撒上鹽及胡椒粉調味。

4)放入 200℃預熱好的烤箱,烤 10 分鐘。

烤培根雞蛋

2 人份
料理時間 25 分鐘

材料
培根 4 片
雞蛋 2 顆
鹽、胡椒粉 少許

Cooking Tip
沒有培根直接烤雞蛋
時，烤模內部請先塗抹
奶油或食用油，防止沾
黏。

1）每個烤模內側用 2 片培根圍成圓圈。

2）中央各打入 1 顆雞蛋，撒上鹽和胡椒粉調味。

3）放入 170℃ 預熱好的烤箱，烤 20 分鐘。

雞蛋三明治

2 人份
料理時間 30 分鐘

材料

雞蛋 3 顆
鹽 少許
洋蔥末 3 匙
酸黃瓜醬 1 匙
美乃滋 3 匙
鹽、胡椒粉 少許
土司 4 片
黃芥末醬 少許
生菜 2 片
火腿 2 片

Cooking Tip

使用蒸烤箱烤雞蛋，不
用包鋁箔紙直接烘烤即
可；使用一般烤箱烤雞
蛋，請務必先用鋁箔紙
包好雞蛋再烘烤，才不
會爆掉。

1）用鋁箔紙包好雞
蛋，放置在烤盤上，
送入 140℃的烤箱，烤
20 分鐘。

2）烤好的雞蛋剝殼，
用刀子將雞蛋切成小
丁。

3）雞蛋中拌入洋蔥
末 3 匙、酸黃瓜醬 1
匙、美乃滋 3 匙攪拌
均勻，再撒上鹽及胡
椒粉少許調味。

4）取一片土司塗上
黃芥末醬，鋪上生
菜、火腿片及步驟 3
的雞蛋沙拉，再放上
一片土司，將三明治
切成適口大小。

蔬菜豆腐

2 人份
料理時間 25 分鐘

主材料
豆腐 1 塊
青江菜 3 株
綠豆芽 1 把
柳松菇 1/4 包
蘑菇 1 顆
柴魚片 適量

醬汁材料
鰹魚露 2 匙
海鮮高湯 5 匙
砂糖 少許
蔥花 1 匙
七味粉 適量

替代食材
七味粉→韓國辣椒粉
鰹魚露 2 匙→醬油 3 匙

1）豆腐切成稍厚的
長方形；青江菜洗淨，
切掉根部後，切成兩
段。

2）綠豆芽洗淨，摘
去頭尾成銀芽；柳松
菇洗淨，撕成細絲；
蘑菇洗淨後切片。

3）取一個烤箱用容
器，放上豆腐、銀芽、
柳松菇、蘑菇、青江
菜。

4）放入 200℃ 的烤
箱，烤 15 分鐘；鰹
魚露 2 匙、海鮮高湯
5 匙、砂糖少許、蔥
花 1 匙、七味粉適量
拌勻，淋在烤好的豆
腐及蔬菜上，最後撒
上少許柴魚片即可。

豆腐堅果沙拉

2 人份
料理時間 20 分鐘

主材料
豆腐 1/2 塊
堅果類（花生、杏仁、
核桃、松子等）少許
沙拉用蔬菜菜苗 適量

沙拉醬材料
芝麻 2 匙
花生醬 1 匙
醋 2 匙
砂糖 1.5 匙
水 3 匙
黃芥末醬 0.5 匙
醬油 0.5 匙
鹽 少許

Cooking Tip

堅果類的油脂含量豐富，放一段時間後，口感可能沒那麼酥脆，使用前請先用烤箱稍微烤過（烘烤少量堅果類時，請放入 200℃預熱好的烤箱，烤 3~4 分鐘即可），使堅果口感更酥脆，更有香氣。

1）豆腐切成小塊。

2）花生、杏仁、核桃、松子等堅果類放入 200℃預熱好的烤箱，烤 3~4 分鐘。

3）芝麻 2 匙、花生醬 1 匙、醋 2 匙、砂糖 1.5 匙、水 3 匙、黃芥末醬 0.5 匙、醬油 0.5 匙、鹽少許攪拌均勻，完成沙拉醬。

4）豆腐、堅果、各式蔬菜菜苗裝盤，搭配沙拉醬一起食用。

烤韓式海苔

2 人份
料理時間 10 分鐘

材料
海苔 5 片
香油 3 匙
鹽 少許

Cooking Tip
鹽巴建議使用鹹度較低
的竹鹽或海鹽，若使用
粗鹽，請先用缽將粗鹽
顆粒磨細。

1）海苔表面均勻塗
抹薄薄一層香油，撒
上鹽巴。

2）烤盤內鋪上烤盤
紙或鋁箔紙，再放上
烤架和海苔。

3）放入 180℃預熱好
的烤箱，烤 5 分鐘。

4 人份
料理時間 20 分鐘

主材料
核桃 1 杯
花生 1/2 杯
杏仁 1/4 杯
黑芝麻 3 匙
食用油 少許

糖漿材料
麥芽糖 4 匙
砂糖 3 匙
水 2 匙

綜合堅果糖

1）核桃、花生、杏仁放入 200℃預熱好的烤箱，烤 3~4 分鐘。

2）取一個鍋子，放入麥芽糖 4 匙、砂糖 3 匙、水 2 匙，開小火煮成糖漿。

3）糖漿開始冒泡後，倒入核桃、花生、杏仁及黑芝麻，轉小火，持續攪拌至出現糖絲後關火。

4）在砧板上鋪一張塑膠袋，塗抹食用油後，放上攪拌好的堅果糖，按壓鋪平，再切成自己想要的形狀。

堅果鍋巴

紫米飯必須是熱的，才能和堅果充分結合；若只有冷飯，請先放入微波爐加熱 1 分鐘；冷凍的白飯請加熱 2 分鐘。

2 人份
料理時間 25 分鐘

材料
堅果類（花生、南瓜籽、松子等）適量
紫米飯 1 碗
食用油 少許

Cooking Tip
鍋巴可以一次多做幾份，除了當零嘴，平常泡泡麵時也可以加一片在泡麵中，就是一碗極具特色的鍋巴泡麵了。

1）花生、南瓜籽、松子等堅果類切碎。

2）堅果類拌入熱騰騰的紫米飯中。

3）烤盤鋪上烤盤紙；取適量拌入堅果的紫米飯，搓成圓球後，壓成扁平狀，上下兩面塗上薄薄一層食用油，放在烤盤上。

4）烤盤放在烤箱內的下方層架，以 180℃，烤 15~20 分鐘後取出，鍋巴翻面，再烤 5 分鐘。

2 人份
料理時間 30 分鐘

材料
白飯 1 碗
香油 少許
魩仔魚 3 匙
堅果類（核桃、南瓜籽、
松子等）適量

魩仔魚鍋巴

香油放一些就好，放
太多的話，鍋巴的顏
色會變深，不夠漂亮。

1）攪拌盆中放入熱
騰騰的白飯，倒入香
油拌勻。

2）取一個平底鍋，
放入魩仔魚不放油乾
炒；核桃、南瓜籽、
松子等堅果類切碎後
和乾炒過的魩仔魚一
起加入白飯中，攪拌
均勻。

3）烤盤鋪上烤盤紙；
取適量拌入堅果和魩
仔魚的米飯，搓成圓
球後，壓成扁平狀，
上下兩面塗上薄薄一
層食用油，放在烤盤
上。

4）放入 180℃的烤
箱，烤 20 分鐘後取
出，鍋巴翻面，再烤
5 分鐘。

調味小魚乾

2 人份
料理時間 15 分鐘

主材料
小魚乾 50g
杏仁片 50g

調味材料
大蒜 2 瓣
青辣椒 1 根
醬油 1 匙
砂糖 0.3 匙
果糖 1 匙

Cooking Tip
這道料理不用先預熱，
直接加熱烤即可。若是
先預熱，請縮減烘烤時
間，以免杏仁片烤焦。

小魚乾的大小會影響
烘烤所需的時間，請
斟酌調整時間。

1）大蒜切片；青辣
椒切片，放入水中稍
微洗一下，去籽。

2）取一個攪拌盆，
放入蒜片、青辣椒、
醬油 1 匙、砂糖 0.3
匙、果糖 1 匙拌勻。

3）烤盤內鋪上烤
盤紙，放上小魚乾
和杏仁片鋪平；放
入 180℃的烤箱，烤
8~10 分鐘。

4）烤好的小魚乾和
杏仁片取出，與調配
好的調味料一起拌勻
即可享用。

2 人份
料理時間 10 分鐘

主材料
銀魚脯 4 片

調味醬材料
韓國辣椒醬 2 匙
料理酒 1 匙
果糖 1 匙
砂糖 0.3 匙
蒜泥 少許
香油 1 匙

辣味銀魚脯

銀魚脯放置在烤盤上時，
請依據圖中的方式，固定
間距重疊平放。

1）辣椒醬 2 匙、料
理酒 1 匙、果糖 1 匙、
砂糖 0.3 匙、蒜泥少
許、香油 1 匙拌勻。

2）每張銀魚脯的兩
面都均勻塗上拌好的
調味醬。

3）烤盤鋪上烤盤紙，
銀魚脯整齊排列好，
放入 180℃的烤箱，
烤 5 分鐘。

烤箱大顯神通的極品料理
╳53 道

所有廚房工具中，功能最多，卻最沒被人善加利用的大概就屬烤箱了吧！

家裡宴客，讓才華洋溢的烤箱大顯神通，不用再煮得汗流浹背，

一個人也能優雅從容地將餐廳級好料一一端上你家餐桌，

讓大家對你的手藝刮目相看。

不要再嫌棄烤箱沒用處，在狹窄廚房中占位子了，現在開始重新愛上烤箱吧！

炎熱的夏天又要進廚房做飯，光想到站在瓦斯爐前，

還沒開始炒菜就先流汗的情景，往往令主夫主婦們想要罷工。

跟著本書學會用烤箱做料理，炎炎夏日進廚房做菜不再狼狽，

還可以一邊做菜一邊快樂地唱歌呢！

西班牙海鮮飯

海鮮飯（Paella）是西班牙的代表料理，Paella 源自於拉丁文
的 Patella，意思是「兩邊有把手的圓形淺平底鍋」。在西班
牙的鄉村，有聚會或是慶典時，都會用一個大平底鍋，一次
烹煮數十人份的海鮮飯，大家一起享用這道料理。

2 人份
料理時間 40 分鐘

主材料
米 1 杯
洋蔥 1/4 顆
青椒 1/4 顆
番茄 1/4 顆
蛤蜊 8 個
蝦子 6 隻

橄欖油 少許
薑黃粉 1 匙
熱水 1 杯
鰹魚露 1 匙
鹽 少許

替代食材
薑黃粉→咖哩粉

◆◇◆◇◆◇◆◇◆◇◆◇◆

若選用可以在瓦斯爐上煮，也可以放入烤箱的容器，食材不用倒過來倒過去，炒好後，可以直接放入烤箱烘烤，減少要洗的東西。另外，步驟 3 中要加的水，務必要用熱水，若用冷水，烤箱需要先把冷水加熱到沸騰，才能將溫度傳導到米飯和食材中，會延長料理所需的時間，用熱水的話，米飯和食材會煮得更快、更好吃。

海鮮飯的米飯要有點嚼勁，所以洗米時不要浸泡太久，米粒若吸收太多水分，煮好的米飯會太濕軟。

1）米洗淨後瀝乾。

2）洋蔥、青椒、番茄切大塊；蛤蜊吐沙後洗淨，蝦用牙籤剔除腸泥。

3）取一個鍋子，淋橄欖油，放入洋蔥炒到透明變色後，倒入洗好的米，拌炒 3 分鐘，再加上薑黃粉拌炒均勻，倒入 1 杯熱水，放入蛤蜊、蝦子及鰹魚露 1 匙。

4）蓋上蓋子或鋁箔紙，放入 250℃ 的烤箱，烤 25 分鐘。確定飯熟透後，放上青椒和番茄，撒上鹽巴調味，拌勻後即可食用。

烤魷魚飯

製作烤魷魚飯,我由衷感謝世上有「烤箱」這項發明。讓我可以輕輕鬆鬆把平凡的蔬菜炒飯,變化成豐盛的料理。香酥的麵包粉、軟嫩又有彈性的魷魚和炒飯簡直是絕配,端出來招待客人也很體面。魷魚可以用牡蠣或章魚、軟絲、花枝等海鮮替代,或依據當季盛產的海鮮,變化成不一樣的海鮮烤飯。

| | 主材料 | | 魷魚調味材料 | 替代食材 |

2 人份
料理時間 25 分鐘

主材料
魷魚 1 隻
胡蘿蔔 1/8 根
洋蔥 1/6 顆
青椒 1/4 顆
玉米粒 2 匙

白飯 2 碗
麵包粉 1/2 杯食用
油 少許
洋香菜葉 適量
胡椒粉 少許

魷魚調味材料
紐澳良綜合香料粉 0.3 匙
鹽、胡椒粉 少許

飯調味材料
鹽、香油、黑芝麻 少許

替代食材
魷魚→軟絲
紐澳良綜合香料粉
→韓國辣椒粉

1）魷魚腳和身體分離，去除內臟，洗淨，身體的部分切成 0.5cm 寬的魷魚圈，腳的部分一隻一隻切開，切成小段；撒上紐澳良綜合香料粉 0.3 匙、鹽及胡椒粉少許調味，靜置醃入味。

2）胡蘿蔔、洋蔥、青椒切成和玉米粒一樣大的小丁。

3）平底鍋中放入熱騰騰的白飯，加入鹽、香油、黑芝麻調味拌炒後，放入胡蘿蔔、洋蔥、青椒、玉米粒拌勻。

4）麵包粉淋上少許食用油拌鬆，再加入洋香菜葉拌勻。

5）烤箱用容器內依序放入炒飯、魷魚、麵包粉。

也可以直接在烤盤內鋪上烤盤紙，放上食材後，送入烤箱烘烤。

6）放入 200℃ 預熱好的烤箱，烤 10 分鐘，再撒上胡椒粉。

炒飯 & 鳳梨牛肉串燒

白飯是日常生活的主食，但是每天都吃差不多的家常菜色，偶爾也會覺得膩。想來點不一樣的，那就吃炒飯搭配鳳梨牛肉串燒吧！酸酸甜甜的鳳梨與牛肉和飯的組合，相當開胃。這道料理再配上微微辛辣的辣豆芽湯或是泡菜湯，就太完美了！

Cooking Tip
鳳梨牛肉串燒放在飯上面，放入烤箱一起烤，烘烤時，流下鳳梨汁和牛肉湯汁會滲入飯裡，使飯更加美味。

2 人份
料理時間 30 分鐘

主材料
鳳梨（罐頭）1 片
洋蔥 1/4 顆
青椒 1/2 顆
胡蘿蔔（1cm 厚）1/2 片（20g）
蔥 1 根
牛肉（燒烤用）200g
冷飯 1 又 1/2 碗

牛肉調味材料
醬油 3 匙
砂糖 0.5 匙
果糖 1 匙
料理酒 1 匙
蒜泥 1 匙
香油 0.5 匙
胡椒粉 少許

1）鳳梨切小塊；洋蔥、青椒、胡蘿蔔切成細丁；蔥切成蔥花。

2）牛肉用醬油 3 匙、砂糖 0.5 匙、果糖 1 匙、料理酒 1 匙、蒜泥 1 匙、香油 0.5 匙、胡椒粉少許調味後，靜置 10 分鐘醃入味。

3）醃入味的牛肉稍微捲一下和鳳梨一起串到竹籤上。

烘烤 7~8 分鐘時，記得將串燒翻面再烤，使鳳梨牛肉串均勻烤熟。

4）烤箱用容器放上冷飯、洋蔥、青椒、胡蘿蔔、蔥拌勻，再放上串好的鳳梨牛肉串，放入 220℃的烤箱，烤 10~15 分鐘。

烤整隻魷魚佐沙拉

2 人份
料理時間 25 分鐘

主材料
魷魚 1 隻
七味粉 1 匙
各式生菜 適量

沙拉醬材料
沙拉油 2 匙
醋 1 匙
砂糖 少許
洋蔥末 2 匙
鹽、胡椒粉 少許

替代食材
七味粉→韓國辣椒粉

沙拉油可以依個人
習慣換成大豆油、
橄欖油、葡萄籽油
或葵花油。

1）魷魚去除內臟，
洗淨後擦乾，撒上七
味粉調味。

2）烤盤內鋪上廚房
紙巾，用噴水壺充分
噴濕紙巾；再放上
烤架和魷魚；放入
230℃的烤箱，烤 10
分鐘。

3）沙拉油 2 匙、醋 1
匙、砂糖少許、洋蔥
末 2 匙、鹽及胡椒粉
少許拌勻，製成沙拉
醬。

4）盤子內放上生菜；
烤好的魷魚切成適口
大小，搭配沙拉醬一
起享用。

雞胸肉沙拉

2 人份
料理時間 25 分鐘

主材料
雞胸肉 2 塊
各式生菜 適量

雞胸肉調味材料
清酒 1 匙
鹽、胡椒粉 少許

沙拉醬材料
鳳梨（罐頭）1/2 片
美乃滋 2 匙
洋蔥 1/8 顆
砂糖 0.5 匙
醋 1 匙
鳳梨罐頭汁 1 匙
鹽、胡椒粉 少許

替代食材
鳳梨→草莓、奇異果

1）雞胸肉撒上清酒 1 匙、鹽及胡椒粉少許，靜置 5 分鐘，去腥並調味。

2）舥烤盤內鋪上烤盤紙或鋁箔紙，放上雞胸肉，放入 200℃ 的烤箱，烤 20 分鐘。

3）調理機內放入鳳梨（罐頭）1/2 片、美乃滋 2 匙、洋蔥 1/8 顆、砂糖 0.5 匙、醋 1 匙、鳳梨罐頭汁 1 匙、鹽及胡椒粉少許，打成沙拉醬。

4）盤子內放上生菜；烤好的雞胸肉切片，搭配沙拉醬一起吃。

麵包丁培根沙拉

2 人份
料理時間 20 分鐘

主材料
培根 3 片
土司 2 片
各式生菜 適量

蒜味奶油材料
蒜泥 1 匙
融化奶油 1 匙
鹽 少許

油醋沙拉醬材料
洋蔥末 4 匙
蒜泥 0.5 匙
巴薩米克醋 1/2 杯
砂糖 0.5 匙
鹽、胡椒粉 少許
橄欖油 1/4 杯

替代食材
巴薩米克醋→梅子醋、
葡萄醋

1）培根切小片備用；
土司切成小方塊，加
入蒜泥 1 匙、融化奶
油 1 匙、鹽少許拌勻，
靜置使土司充分吸收
蒜味奶油。

2）生菜洗淨後，瀝
乾水分。

3）烤盤內鋪上烤盤
紙，放上培根和土司
丁，放入 220℃ 的烤
箱，烤 5 分鐘後取出，
與生菜一起裝盤。

4）取一個鍋子，放入洋蔥末 4 匙、
蒜泥 0.5 匙拌炒至洋蔥變透明後，
倒入巴薩米克醋 1/2 杯，以小火
熬煮濃縮成原來的一半；加入砂
糖 0.5 匙、鹽及胡椒粉少許調味
後，加入橄欖油 1/4 杯拌勻，完
成油醋沙拉醬。

鮮菇沙拉

2 人份
料理時間 25 分鐘

主材料
鮮香菇 2 朵
柳松菇 1/4 盒
杏鮑菇 1 根
結球萵苣 1/8 顆
各式生菜 適量
帕馬森乳酪 1 匙

菇類調味材料
橄欖油 3 匙
鹽、胡椒粉 少許

油醋沙拉醬材料
巴薩米克醋 2 匙
橄欖油 1 匙

Cooking Tip
菇類撒鹽後，放置太久
會出水，所以菇類請在
放入烤箱前一刻再撒調
味料。

菇類要烤到有
點縮水，表皮
微硬才好吃。

1）結球萵苣和各式
生菜洗淨後，瀝乾水
分；結球萵苣用手撕
成適口大小。

2）菇類洗淨後擦乾；鮮香菇去掉蒂
頭後切對半；柳松菇用手將底部連
接的部分一根一根撕開；杏鮑菇切
薄片。放入烤箱前，撒上橄欖油 3
匙、鹽及胡椒粉少許。

3）烤盤內鋪上鋁箔紙，放上菇類；放入
220℃的烤箱，烤 10 分鐘後，取出盛盤。
食用前，巴薩米克醋 2 匙和橄欖油 1 匙
拌勻，淋在生菜上，再將生菜放在烤好
的菇類上，最後撒上帕馬森乳酪。

海鮮沙拉

烹調海鮮最困難的就是，最怕有腥味和太韌咬不動。海鮮有腥味，排除食材不新鮮的因素外，烹調的溫度不正確也有可能產生腥味；海鮮口感過韌，則是因為烹調時間太久所致。用烤箱烹調海鮮就能輕鬆克服這兩個問題，烤箱不需要用水，海鮮原來的鮮味不流失，也就不會產生腥味；烤箱能準確控制溫度和時間，不會烤過頭，就能吃到軟嫩的海鮮。宴客時如果來不及準備生菜，還可以直接把整盤烤海鮮端上桌。

Cooking Tip

想要一次烤很多種海鮮，不要把不同種類的海鮮全部混在一起烤，請先做分類，在烤盤上分成不同區塊，同種類的靠攏在一起。烘烤的過程中，有先烤熟的可以先夾出，其他的等熟了在一一取出，就不會有半生不熟或烤過熟的海鮮了。

2 人份
料理時間 25 分鐘

替代食材
黃芥末醬→山葵
醬、法式芥末籽醬

主材料
奇異果 1 顆
柳橙 1/2 顆
洋蔥 1/4 顆
各式生菜 少許
蝦子 4 隻

蛤蜊 8 個
魷魚 1/2 隻
白酒 2 匙
鹽、胡椒粉 少許

檸檬醬汁材料
橄欖油 2 匙
檸檬汁 2 匙
洋香菜葉 少許
鹽、胡椒粉 少許

黃芥末醬材料
橄欖油 2 匙
醋 1 匙
蒜泥 0.3 匙
黃芥末醬 少許

1）奇異果、柳橙去皮，切成條狀。

2）洋蔥切絲，泡冰水去除辛辣味後瀝乾；生菜洗淨，撕成適口大小，用冰水冰鎮後瀝乾。

3）蝦子用牙籤剔除背上腸泥；蛤蜊用鹽水浸泡，等待吐沙完成；魷魚去膜，在內側面切花紋，再切成適口大小。

4）烤盤內鋪上鋁箔紙，海鮮放在烤盤上，放入 200℃ 的烤箱，烤 10 分鐘。

5）橄欖油 2 匙、檸檬汁 2 匙、洋香菜葉、鹽及胡椒粉少許拌勻後，淋在烤好的海鮮上，靜置 5 分鐘；奇異果、柳橙、洋蔥絲、生菜混和拌勻後盛盤；橄欖油 2 匙、醋 1 匙、蒜泥 0.3 匙、黃芥末醬少許拌勻後，搭配海鮮和生菜一起食用。

豬排沙拉

這道料理是某間餐廳的名菜,用大多數人喜愛的梅花肉,搭配大量蔬菜,不僅美味,也能攝取均衡營養。雖然這道菜的名字叫做豬排沙拉,但是當成主菜端上桌招待客人,也毫不遜色。

Cooking Tip

因為要做豬排,請購買有點厚度的豬梅花肉,或是買整塊回家自己切。可依據個人喜好,使用不同的辛香料調味。

2 人份 料理時間 30 分鐘	主材料 豬梅花肉排 200g 鹽、胡椒粉 少許 紅酒 1 匙 蘑菇 3 朵 各式生菜 適量 沙拉醬 適量	玉米沙拉材料 紅甜椒 1/8 顆 玉米粒（罐頭） 1/4 杯 鹽、胡椒粉 少許 醋 少許	豬排醬材料 紅酒 1/4 杯 伍斯特醬 2 匙 砂糖 1 匙 鹽 少許

替代食材
蘑菇→杏鮑菇、柳
松菇、鮮香菇

1）豬梅花肉排用鹽和胡椒
粉少許、紅酒 1 匙拌勻後，
醃一下；烤盤內鋪上鋁箔
紙，放上梅花肉排；放入
250℃的烤箱，烤 10 分鐘。

2）蘑菇洗淨後切片；生菜
用清水洗淨，瀝乾。

3）紅甜椒切成和玉米粒一
樣大小，撒上少許鹽、胡
椒粉、醋調味。

4）取一個鍋子，倒入紅酒
1/4 杯、伍斯特醬 2 匙、砂
糖 1 匙、鹽少許及切片蘑菇，
開火煮 5 分鐘，製成豬排醬；
生菜、玉米沙拉、梅花肉排
盛盤後，淋上豬排醬。

番茄蕈菇醬 & 漢堡排

製作漢堡排的時候我總會想到豆腐肉丸，
我們製作肉丸子時，加入豆腐，是為了使肉丸軟嫩濕潤，
西方人做漢堡排時，放麵包粉也是為了保持肉排的水分。
肉丸與漢堡排，兩種相異卻又相似的料理，真是奇妙！
漢堡排中的麵包粉用豆腐取代，也是不錯的選擇。

Cooking Tip

製作漢堡排時，改變牛絞肉
與豬絞肉的比例，就能變化
出不一樣味道的漢堡排。可
以嘗試自行調整比例，做出
自己最喜歡的漢堡排喔！

2 人份
料理時間 35 分鐘

替代食材
荳蔻粉 → 迷迭香葉、奧勒岡葉
番茄糊 → 番茄醬

主材料
洋蔥 1/2 顆
食用油 少許
牛絞肉 100g
豬絞肉 100g
麵包粉 1/4 杯
牛奶 1/4 杯

番茄醬 0.3 匙
荳蔻粉 少許
雞蛋 1/2 顆
蒜泥 0.5 匙
鹽 少許
莫扎瑞拉乳酪 適量

番茄蕈菇醬
番茄 1/2 顆
柳松菇 1 把
蘑菇 4 朵
洋蔥 1/4 顆
番茄糊（罐頭）4 匙

1）洋蔥 1/2 顆切成洋蔥末；平底鍋中倒入食用油，放入洋蔥末，用小火炒到變成金黃色。

2）牛絞肉和豬絞肉中，加入炒好的洋蔥末、麵包粉、牛奶、番茄醬、荳蔻粉、雞蛋、蒜泥、鹽後，攪拌並反覆摔打，直到絞肉產生筋性，將絞肉捏成肉餅狀；取一平底鍋倒入食用油，用大火將肉餅兩面各煎 1 分鐘。

3）蕈菇醬材料中的番茄切丁；柳松菇用手撕成細絲；蘑菇切成 4 等份；洋蔥切末。

4）攪拌盆中放入番茄、柳松菇、蘑菇、洋蔥末及番茄糊 4 匙拌勻。

5）烤盤中放入漢堡排，倒入拌好的番茄蕈菇醬，撒上適量莫扎瑞拉乳酪；放入 220℃的烤箱，烤 10 分鐘。

沙嗲雞柳串燒

2 人份
料理時間 25 分鐘

主材料
雞柳 8 條
市售沙嗲醬 1 包
食用油 少許

花生沾醬材料
花生醬 2 匙
花生碎 0.5 匙
砂糖 0.5 匙
醋 0.5 匙
料理酒 1.5 匙

Cooking Tip
沒有沙嗲醬，可以用 1/4 杯原味優格，加入 2 匙咖哩粉拌勻，靜置 5 分鐘後使用。

1）雞柳洗淨，擦乾水分，與市售沙嗲醬拌勻，靜置 20 分鐘醃入味。

2）用竹籤將醃好的雞柳串好；放入 200℃的烤箱，烤 10 分鐘。

3）花生醬 2 匙、花生碎 0.5 匙、砂糖 0.5 匙、醋 0.5 匙、料理酒 1.5 匙拌勻，製成花生沾醬。

4）烤好的沙嗲雞柳串燒盛盤，搭配花生沾醬一起享用。

鮭魚排

2 人份
料理時間 30 分鐘

主材料
鮭魚排 2 片
洋蔥 1/4 顆
大蒜 4 瓣
青花菜 1/6 棵
鹽、胡椒粉 少許
橄欖油 少許

鮭魚醃醬材料
檸檬汁 1 匙
橄欖油 1 匙
鹽、胡椒粉 少許

佐醬材料
美乃滋 4 匙
檸檬汁 2 匙
洋蔥末 1 匙
鳳梨丁 1 匙
酸黃瓜醬 1 匙
小酸豆（罐頭）0.5 匙
鹽、胡椒粉 少許

先撒鹽和胡椒粉調味，再拌橄欖油，這樣蔬菜才能確實入味。

1）鮭魚排撒上檸檬汁 1 匙、橄欖油 1 匙、鹽及胡椒粉少許，靜置 10 分鐘，去腥並調味。

2）洋蔥切成條狀，大蒜切片，青花菜切成適口大小，撒上少許鹽、胡椒粉調味後，再淋上橄欖油拌勻。

3）烤盤內鋪上烤盤紙，放上洋蔥、大蒜、青花菜及鮭魚排；放入 250℃ 的烤箱，烤 15 分鐘，取出盛盤。

4）美乃滋 4 匙、檸檬汁 2 匙、洋蔥末 1 匙、鳳梨丁 1 匙、酸黃瓜醬 1 匙、小酸豆 0.5 匙、鹽及胡椒粉少許拌勻，完成佐醬，搭配鮭魚排一起食用。

脆烤培根捲里肌

與牛里肌相比，豬里肌算是價格比較平易近人且廣
受喜愛的食材。善加運用的話，只要用低廉的價格，
家裡也能變化出豪華的西餐廳菜，豐富你家的餐桌。
一起來看看烤箱如何變出高級的豬里肌料理吧！

Cooking Tip

若豬里肌還沒熟，但是表面
的培根已經變成焦黃色，請
在培根上方用一張鋁箔紙輕
輕包覆住，再繼續烘烤，就
能使里肌慢慢烤熟，培根不
再繼續焦化。

2 人份
料理時間 40 分鐘

主材料
豬小里肌（腰內肉）
300g
鹽、胡椒粉 少許
洋蔥 1/4 顆
大蒜 2 瓣
柳松菇 1 把
食用油 少許
培根 8 片

替代食材
豬小里肌→雞胸肉

1）豬小里肌表面撒上少許鹽和胡椒粉調味。

2）洋蔥、大蒜、柳松菇切成細丁；平底鍋放入食用油和切好的蔬菜丁，炒出香氣。

3）鋪一張烤盤紙，培根平行排好；炒好的蔬菜丁均勻鋪在培根上；再放上豬小里肌，像捲壽司一樣，用培根把豬小里肌捲起來。

4）烤盤內鋪上廚房紙巾，用噴水壺充分噴濕紙巾；再放上烤架和捲好的豬肉，放入 180℃ 的烤箱，烤 30 分鐘。烤熟後，靜置降溫再切成適當的薄片。

西式烤雞

西方國家在聖誕節或辦派對時,少不了的美食就是烤雞和紅酒了。用烤箱烹調這道烤雞,可以去除多餘油脂,是宵夜料理中我非常推薦的菜餚。忙碌的主婦或上班族可以改用超市販賣的帶骨雞肉塊來烤,省去去油和剝雞肉的時間。

Cooking Tip

如果持續用高溫烤雞，很容易遇到外皮燒焦，裡面卻還沒熟的狀況。因此當外皮已經上色到一定程度，就要調低溫度，用低溫將裡面的肉繼續烤熟。若表皮的顏色是局部變深，可將鋁箔紙剪成小塊，包住表皮顏色較深的部位就好。吃剩的烤雞可以把雞肉剝絲，做成雞絲沙拉或炒飯。若要重新加熱烤雞，建議不要用微波爐加熱，用烤箱設定200℃，烤10分鐘，就可以回復現烤般的美味。

2 人份
料理時間 6o 分鐘

主材料
雞 1 隻（9oog~1kg）
洋蔥 1 顆
馬鈴薯 2 顆
南瓜 1/4 顆
橄欖油 少許
黃芥末醬 少許

雞肉調味材料
橄欖油 2 匙
鹽、胡椒粉 少許

1）雞去頭、去雞爪後，清除肚子內和雞皮內層的血和油脂，用流動的水沖洗乾淨；擦乾表面的水分，塗抹橄欖油 2 匙，撒上少許鹽和胡椒粉調味。

2）洋蔥切大塊；馬鈴薯和南瓜切成適口大小。

3）雞腹內塞入洋蔥；兩隻雞腿的內側雞皮各用刀子切開 1cm 的小洞，將右邊雞腳插入左洞，左腳插入右洞，使兩隻腳交叉固定。

4）烤盤內鋪上鋁箔紙及廚房紙巾，用噴水壺充分噴濕紙巾；放上烤架，再放上雞、馬鈴薯和南瓜。

5）放入 250℃的烤箱，烤25 分鐘，再將溫度調低至230℃，在雞皮塗抹一層橄欖油，續烤 15 分鐘。確認雞皮呈現金黃，肉也烤熟後，取出盛盤，搭配黃芥末醬一起食用。

鹽烤香草雞

2 人份
料理時間 40 分鐘

材料
雞 1 隻（600~700g）
蛋白 1 顆量
粗鹽 2 杯

替代食材
雞→鯛魚

Cooking Tip
鹽烤香草雞是一道連同烤盤一起端上桌，直接敲開表面鹽巴食用的料理，雞肉不需要再另外加調味料。製作只使用蛋黃的烘焙料理後，剩下的蛋白請放冰箱冷藏，可以用來製作鹽烤香草雞。

1）雞隻洗淨，擦乾水分後，兩隻雞腿的內側雞皮各用刀子切開 1cm 的小洞，將右邊雞腳插入左洞，左腳插入右洞，使雙腳交叉固定。

2）用電動攪拌器將蛋白打至發泡後，倒入粗鹽攪拌均勻。

3）烤盤內鋪上烤盤紙或鋁箔紙，放上雞肉，再用鹽將雞完全覆蓋。

4）放入 220℃ 預熱好的烤箱，烤 30 分鐘。

2 人份
料理時間 35 分鐘

材料
雞腿 8 隻
原味優格 1 杯
印度唐度里烤雞香料 1
包（1/4 杯）
馬鈴薯 1 顆

替代食材
印度唐度里烤雞香料→
咖哩粉 3~4 匙

Cooking Tip
沒有印度唐度里烤雞香
料時，可用薑黃、辣椒
粉等辛香料調和成個人
喜歡的口味，或是使用
咖哩調理包。

印度烤雞
& 馬鈴薯

唐度里烤雞香料
在印度食品材料
專賣店或進口食
材公司或超市可
以購買得到。

1）雞腿表面劃上幾
刀；馬鈴薯切成適口
大小。

2）取一個攪拌盆，
放入雞腿、馬鈴薯、
優格、唐度里烤雞香
料拌勻，靜置 10 分
鐘醃入味。

3）烤盤內鋪上鋁箔
紙和廚房紙巾，用噴
水壺充分噴濕紙巾；
放上烤架及雞腿和馬
鈴薯。

4）放入 230℃ 的烤
箱，烤 20~25 分鐘。

辣烤翅小腿

2 人份
料理時間 25 分鐘

主材料
雞小腿 10 隻

雞肉調味材料
料理酒 1 匙
鹽 少許

辣味烤醬材料
豆瓣醬 2 匙
砂糖 0.5 匙
果糖 1 匙
Tabasco 辣醬 0.5 匙
蒜泥 0.5 匙

Cooking Tip
塗烤醬前,若翅小腿的表皮已呈現金黃色澤,請先調低溫度(從 250℃ 降到 220℃),再塗抹烤醬續烤,如此不僅能烤入味,也保持金黃色澤。

1)翅小腿洗淨、擦乾,表皮劃上幾刀,用料理酒 1 匙和少許鹽拌勻,去腥並調味。

2)烤盤內鋪上鋁箔紙及廚房紙巾,用噴水壺充分噴濕紙巾;放上烤架和翅小腿;放入 250℃ 的烤箱,烤 15 分鐘。

3)豆瓣醬 2 匙、砂糖 0.5 匙、果糖 1 匙、Tabasco 辣醬 0.5 匙拌勻,調成辣味烤醬。

4)辣味烤醬均勻塗抹在翅小腿表面,再放回 250℃ 的烤箱,續烤 5 分鐘。

烤雞店辣烤翅小腿

2 人份
料理時間 25 分鐘

材料
翅小腿 8 隻
辣椒粉 0.5 匙
鹽、胡椒粉 少許
奶油 3 匙

Cooking Tip
沒有辣椒粉時，可以改用匈牙利紅椒粉或是韓國辣椒粉調配。

續烤 7~8 分鐘的過程中，再反覆塗刷奶油 2 次，使翅小腿烤出來的色澤更金黃，奶油香氣更濃郁。

1）翅小腿洗淨，擦乾，表皮劃上幾刀，撒上辣椒粉 0.5 匙、鹽及胡椒粉少許，靜置入味。

2）烤盤內鋪上鋁箔紙及廚房紙巾，用噴水壺充分噴濕紙巾；放上烤架和翅小腿；放入 220℃的烤箱，烤 10 分鐘；奶油用微波爐加熱 10 秒融化後，塗刷在翅小腿表面，續烤 7~8 分鐘。

檸檬烤雞腿

以前小時候，雞肉都是整隻上桌，孩子們總是爭著要吃的部位就是雞腿了。現在的超商及市場雞肉攤都有將各部位分開販售，可以依個人需求購買自己想要的部位，就不會再出現以前那種爭奪雞腿的場面了。

Cooking Tip

買不到市售糖漬檸檬皮時，可以用刨刀刮下新鮮檸檬皮來替代使用。

2 人份
料理時間 40 分鐘

替代食材
雞腿→雞翅

主材料
雞腿 4 隻
檸檬 1/2 顆
各式生菜 50g
洋香菜葉 少許

雞肉調味材料
咖哩粉 2 匙
橄欖油 1 匙
蜂蜜 1 匙
蒜泥 1 匙
鹽、胡椒粉 少許
洋香菜葉 少許

檸檬淋醬材料
蜂蜜 2 匙
白酒 2 匙
檸檬汁 2 匙
水 1/4 杯
醬油 1 匙
橄欖油 1 匙
糖漬檸檬皮 1 匙
鹽、胡椒粉 少許

1）雞腿洗淨後，擦乾水分。

2）咖哩粉 2 匙、橄欖油 1 匙、蜂蜜 1 匙、蒜泥 1 匙、鹽及胡椒粉少許、洋香菜葉少許拌勻後，塗抹在雞腿上，靜置 20 分鐘醃入味。

3）烤盤內鋪上鋁箔紙，放上醃好的雞腿；放入 200℃的烤箱，烤 30 分鐘。

4）鍋子中放入蜂蜜 2 匙、白酒 2 匙、檸檬汁 2 匙、水 1/4 杯、醬油 1 匙、橄欖油 1 匙、糖漬檸檬皮 1 匙、鹽及胡椒粉少許，開火加熱 5 分鐘，將醬汁煮至濃稠狀。

生菜部分，可另外準備市售的沙拉醬，或是簡單撒上橄欖油、鹽及胡椒粉調味。

5）生菜洗淨後瀝乾，和烤好的雞腿一起盛盤，淋上煮好的檸檬淋醬，撒上洋香菜葉。

烤茄汁熱狗燉豆

烤箱料理只要將準備好的食材放入烤箱用容器，設定好烘烤
的時間和溫度，接著就是等待料理完成。不需要擔心「食物
會不會烤焦？」「湯汁會不會溢出來？」等問題。這一道「烤
茄汁熱狗燉豆」是專門為做菜沒自信的人所設計的菜單。嘗
試動手做看看吧！

Cooking Tip

若沒買到番茄糊，可以用一
個鍋子，加入蒜泥、韓國辣
椒醬、番茄醬、砂糖煮開，
代替番茄糊使用。

2 人份
料理時間 30 分鐘

材料
熱狗 8 根
甜椒 1/2 顆
洋蔥 1/4 顆
玉米粒（罐頭）1/4 杯
燉豆（罐頭）1 罐
番茄糊（罐頭）1/4 杯
麵包粉 少許
洋香菜葉 少許

替代食材
熱狗→火腿、年糕、甜不辣

1）熱狗表面劃上數刀。

2）甜椒和洋蔥切成和玉米粒一樣大的小丁；玉米粒瀝乾水分。

3）攪拌盆中放入甜椒、洋蔥、玉米粒、燉豆、番茄糊攪拌均勻。

建議使用可以直接端上桌的烤箱用容器（形狀要寬且淺），不需要鋪烤盤紙，食材直接倒入容器中，再放入烤箱烘烤即可。

4）烤盤內鋪上烤盤紙，放上熱狗，再將步驟 3 淋在熱狗上，表面撒滿麵包粉。

5）放入 200℃ 預熱好的烤箱，烤 10 分鐘後取出，撒上洋香菜粉。

手工熱狗

因為市面上的熱狗大多是用品質較差的肉和許多種添加劑做成的再製食品，很多人都覺得是對身體不好的食物。但是孩子就是喜歡吃熱狗，怎麼辦呢？因此我設計了這道用烤箱自製健康手工熱狗的食譜，請試試看用牛肉、豬肉、雞肉、鴨肉或海鮮製作不同口味的熱狗吧！

Cooking Tip

這道手工熱狗食譜的絞肉也可以製作漢堡排喔！

2 人份
料理時間 30 分鐘

替代食材
乾香菇→堅果類

主材料
洋蔥 1/4 顆
泡軟的乾香菇 1 朵
青辣椒 1 根
橄欖油 少許
鹽 少許
牛絞肉 100g
豬絞肉 100g

蒜泥 1 匙
太白粉 2 匙
小番茄 8 顆
蘑菇 4 朵

絞肉調味材料
鰹魚露 1 匙
鹽、胡椒粉 少許

1）洋蔥切成末；泡開的香菇擰乾水分，切成小丁；青辣椒去掉蒂頭和籽，切成小丁。

2）平底鍋中放入橄欖油，洋蔥、香菇、青辣椒炒熟，撒上少許鹽巴調味。

3）攪拌盆中放入牛絞肉、豬絞肉先拌勻，加入鰹魚露 1 匙、鹽及胡椒粉少許調味，再加入蒜泥 1 匙、炒好的洋蔥、香菇、青辣椒、太白粉 2 匙，充分攪拌均勻。

4）絞肉持續攪拌至出現筋性，用手揉捏成熱狗的形狀；烤盤內鋪上烤盤紙或鋁箔紙，放上熱狗；小番茄及蘑菇切對半放在烤盤上，撒上少許橄欖油；放入 220℃的烤箱，烤 10~15 分鐘。

蔬菜熱狗捲

2 人份
料理時間 25 分鐘

材料
熱狗 4 根
茄子 1 條
鹽 少許
培根 4 片
黃芥末醬 少許

替代食材
茄子→節瓜

Cooking Tip
用刨片或削皮刀切茄子
片，比較容易切出厚度
一致的薄片。

1）熱狗表面劃上幾
刀；茄子用刨刀刨成
薄片，撒上鹽巴調
味。

2）用茄子片捲熱狗，
再用培根捲茄子熱狗
捲。

3）烤盤內鋪上鋁箔
紙和廚房紙巾，用噴
水壺充分噴濕紙巾；
放上烤架和熱狗捲；
放入 200℃ 的烤箱，
烤 10 分鐘後，搭配
黃芥末醬一起食用。

甜椒鑲牛肉

2 人份
料理時間 35 分鐘

主材料
甜椒 2 顆
豆腐 1/4 塊
牛絞肉 150g

內餡材料
醬油 2 匙
砂糖 1 匙
蒜泥 1 匙
蔥花 2 匙
香油 少許
芝麻鹽 少許
胡椒粉 少許

除了甜椒外，辣椒和洋蔥也可以填入內餡烘烤，別有一番滋味。

1）甜椒橫剖成兩半，挖掉裡面的籽和膜。

2）豆腐放入紗布中擰乾，揉碎後，與牛絞肉拌勻，加入醬油 2 匙、砂糖 1 匙、蒜泥 1 匙、蔥花 2 匙、少許香油、芝麻鹽、胡椒粉，攪拌均勻。

3）甜椒內填滿步驟 2 的內餡。

4）烤盤內鋪上烤盤紙或鋁箔紙，放上裝有內餡的甜椒，放入 200℃的烤箱，烤 15 分鐘。

烤魚排

2 人份
料理時間 25 分鐘

材料
白肉魚（鱈魚或吳郭魚）
200g
鹽、胡椒粉 少許
芥末籽醬 1 匙
麵包粉 1 杯
洋香菜葉 少許
檸檬 1/2 顆
橄欖油 1/4 杯

可以直接使用烤盤，鋪上鋁箔紙後，放上檸檬片和魚肉。

1）白肉魚切成大塊，撒上少許鹽和胡椒粉調味，塗上芥末籽醬 1 匙。

2）麵包粉中加入洋香菜葉，攪拌均勻；檸檬切片。

3）魚肉放入麵包粉中，施力按壓，使麵包粉沾附在魚肉兩面；檸檬片鋪在烤箱用容器底部，魚肉放置在檸檬片上。

4）1/4 杯橄欖油均勻淋在魚肉上，放入200℃的烤箱，烤 15分鐘。

白酒烤海鮮

2 人份
料理時間 30 分鐘

主材料
白肉魚 200g
小馬鈴薯 6 顆
小番茄 6 顆
蛤蜊（已吐沙）100g
白酒 4 匙
鰹魚露 0.5 匙
鹽、胡椒粉 少許

白肉魚調味材料
鹽、胡椒粉 少許
奧勒岡葉 少許

替代食材
蛤蜊→海瓜子

Cooking Tip
建議使用可以直接放到
餐桌上的烤箱用容器，
如耐熱玻璃或烤箱用瓷
器，一出爐馬上端上桌，
就可吃到熱騰騰海鮮。

也可以用新鮮的
羅勒或迷迭香等
香料。

1）魚肉切厚片；撒
上鹽、胡椒粉和奧勒
崗葉。

2）小馬鈴薯和小番
茄切對半。

3）烤箱用容器放入
魚肉、蛤蜊、小馬鈴
薯、小番茄，均勻撒
上白酒。

4）撒上鰹魚露 0.5 匙、
少許鹽及胡椒粉後，
放入 200℃ 預熱好的
烤箱，烤 25 分鐘。

奶油白醬烤淡菜

淡菜是貽貝的一種，又名孔雀蛤，肉色呈橘色。天冷的時候，很適合煮一鍋辣淡菜湯，
讓整個身體暖和起來。但今天要介紹的這道淡菜食譜是法式做法，用奶油白醬來烤淡
菜，在法國，淡菜是許多家庭晚餐常見的家常料理，來試試看不一樣的淡菜做法吧！

2 人份
料理時間 20 分鐘

主材料
淡菜 2 把
洋蔥 1/4 顆
青椒 1/2 顆
紅甜椒 1/2 顆
莫扎瑞拉乳酪 適量

奶油白醬材料
麵粉 0.5 匙
奶油 0.3 匙
鮮奶油 1/4 杯
牛奶 1/2 杯
洋香菜葉 少許
鹽、胡椒粉 少許

1）淡菜鬚用力拔除後，用剪刀剪掉殘餘部分，外殼用力刷洗乾淨。

2）洋蔥、青椒、紅甜椒切丁。

3）燒一鍋熱水煮淡菜，挑出煮熟開口的淡菜，扳開貝殼，留下有肉的那一邊，丟掉有殼的另一半。

4）取一個鍋子，倒入麵粉 0.5 匙、奶油 0.3 匙拌炒成糊狀，倒入鮮奶油 1/4 杯及牛奶 1/2 杯，邊煮邊攪拌約 5 分鐘，加入少許洋香菜葉、鹽和胡椒粉調味，製成奶油白醬。

5）留下的半邊有肉的淡菜放置在烤盤上，放上洋蔥丁、甜椒丁，再倒入一點奶油白醬，最後撒上莫扎瑞拉乳酪；放入 220℃ 預熱好的烤箱，烤 10 分鐘。

烤蔬菜魷魚

2 人份
料理時間 25 分鐘

主材料
魷魚 1 隻
洋蔥 1 顆
蒜苔 2 根
紅甜椒 1/2 顆
鹽 少許
美乃滋 3 匙

魷魚調味材料
醬油 2 匙
蒜泥 1 匙
胡椒粉 少許

替代食材
蒜苔→四季豆、青椒、青花菜

美乃滋請裝入擠花袋或醬料罐中，比較好擠。

1）魷魚去內臟，洗淨，切成 1cm 寬魷魚圈，加入醬油 2 匙、蒜泥 1 匙、胡椒粉少許後拌勻，靜置 5 分鐘入味。

2）洋蔥切成圈；蒜苔和紅甜椒切成 4cm 長條狀。

3）烤盤內鋪上烤盤紙或鋁箔紙，先鋪洋蔥墊底，放上魷魚、蒜苔、紅甜椒；放入 200℃ 的烤箱，烤10~15 分鐘。

4）魷魚烤熟後，淋上美乃滋。

法式
焗烤馬鈴薯

2 人份
料理時間 35 分鐘

主材料
馬鈴薯 2 顆
洋蔥 1/2 顆
蘑菇 2 朵
培根 2 片
莫扎瑞拉乳酪 1/2 杯

白醬材料
奶油 1.5 匙
麵粉 2 匙
牛奶 1 又 1/2 杯
鹽、胡椒粉 少許

替代食材
培根→火腿

Cooking Tip
炒白醬的麵粉和奶油
時,奶油很容易變色,
一定要用微火加熱,慢
慢拌炒成糊狀。

唐度里烤雞香料
在印度食品材料
專賣店或進口食
材公司或超市可
以購買得到。

1)馬鈴薯煮熟後搗
成泥;洋蔥切成條狀;
蘑菇切片。

2)培根切小塊,用
平底鍋炒香,放入洋
蔥、蘑菇一起拌炒。

3)製作白醬,鍋子
內放入奶油 1.5 匙、
麵粉 2 匙,用微火炒
成糊狀,加入牛奶 1.5
杯,充分攪拌到沒有
塊狀麵團,加入少許
鹽和胡椒粉調味。

4)烤箱用容器放入
馬鈴薯泥、洋蔥、蘑
菇、培根,淋上白醬,
最後撒上莫扎瑞拉乳
酪;放入 230℃的烤
箱,烤 10 分鐘。

焗烤鮪魚通心粉

海鮮、肉、雞蛋、蔬菜、通心粉等一種或多種材料融合在一起，再加入醬汁，用焗烤器皿裝好，撒上乳酪或麵包粉，放入烤箱烘烤的料理就叫做焗烤（Gratin），這種料理方式源自於法國。家中若沒有專用的焗烤器皿，也可以用小砂鍋或是耐熱的烤箱用容器盛裝。

Cooking Tip
煮通心粉的水，請用水 1L 加鹽 1 大匙的比例調配。

2 人份
料理時間 35 分鐘

主材料
鮪魚罐頭 1 罐
通心粉 100g
水煮蛋 2 顆
豌豆 2 匙
莫扎瑞拉乳酪 1/2 杯
乳酪片 1 片
食用油 少許
鹽、胡椒粉 少許

咖哩醬汁材料
蘑菇 2 朵
奶油 1.5 匙
麵粉 1.5 匙
咖哩粉 0.5 匙
牛奶 1 又 1/2 杯
鹽、胡椒粉 少許

替代食材
通心粉→筆管麵、螺旋麵

1）罐頭鮪魚倒出來，濾掉水分和油脂；水煮蛋切成 4 等份；蘑菇切片。

2）通心粉放入煮開的鹽水中，大約煮 8 分鐘，煮好直接撈出，不要沖冷水。

3）製作咖哩醬汁。鍋中放入奶油 1.5 匙、麵粉 1.5 匙、咖哩粉 0.5 匙，用微火炒成糊狀，加入蘑菇片拌炒一下，倒入牛奶 1 又 1/2 杯，充分攪拌到沒有塊狀麵團，加入少許鹽及胡椒粉調味。

4）焗烤容器內放入鮪魚、通心粉、雞蛋、豌豆後攪拌一下，再倒入步驟 3 煮好的咖哩醬汁，最後撒上莫扎瑞拉乳酪及撕碎的乳酪片；放入 230℃的烤箱，烤 10 分鐘。

法式番茄鹹派

鹹派（Quiche）是在派皮上加入雞蛋、牛奶、鮮奶油、蔬菜，拿去烘烤，可以當作正餐，發源於法國和德國交界處的亞爾薩斯地區（Alsace）。很久以前我第一次品嘗鹹派時，第一個想法是覺得有點膩，但是現在鹹派變成我超愛吃的點心，像是中毒一樣，不管多少我都吃得下，實在太美味了！

Cooking Tip

烤番茄鹹派，建議不要用耐熱玻璃等厚的容器，最好使用較薄的專用派盤或塔模，較薄的容器才能使內餡在短時間內烤熟。如果沒有專用派盤，而必須用較厚的容器時，溫度請調降為 160℃，烘烤時間增加 10~15 分鐘。

2 人份
料理時間 35 分鐘

麵團材料
高筋麵粉 125g
鹽 2g
奶油 55g
蛋黃 1 顆份
水 1 匙
洋香菜葉 少許

內餡材料
小番茄 100g（約 6~7 顆）
青花菜 1/4 顆
午餐肉（罐頭）1/6 罐
牛奶 1/2 杯
鮮奶油 1/2 杯

雞蛋 1 顆
鹽、胡椒粉 少許
莫扎瑞拉乳酪 1/2 杯
乳酪片 1 片

替代食材
高筋麵粉
→中筋麵粉

1）高筋麵粉、鹽、奶油、蛋黃、水 1 匙，攪拌均勻後，持續搓揉成團狀，用塑膠袋包好，放入冰箱冷藏靜置 1 小時鬆弛。

2）鬆弛好的派皮取出，擀成 0.2cm 厚的平面，鋪在派盤上，放入 180℃ 預熱好的烤箱，烤 10 分鐘。

3）小番茄切對半；青花菜川燙後，用冷水冰鎮，切成小塊；午餐肉切成小片。

4）牛奶 1/2 杯、鮮奶油 1/2 杯、雞蛋 1 顆攪拌均勻，加入少許鹽及胡椒粉調味。

5）烤好的派皮連同派盤取出，放入切好的食材，再倒入步驟 4 的牛奶液，最後撒上莫扎瑞拉乳酪和切成小塊的乳酪片。

6）生放入 170℃ 預熱好的烤箱，烤 25~30 分鐘後取出，撒上洋香菜葉。

焗烤千層麵

千層麵是義大利麵中一種薄而寬的扁平狀麵皮。
千層麵不像其他義大麵是拌著醬汁一起吃,而是麵和
麵之間夾著醬,層層堆疊後切開來吃。
以前義大利麵餐館還不多,也沒幾家餐廳有賣千層
麵,覺得很特別,我還特地上餐廳點一份來吃呢!現
在只要想吃,在家裡就能自己做千層麵了!

Cooking Tip
想要自己做千層麵的麵皮,
可以用高筋麵粉 1 杯、雞蛋
1 顆、橄欖油 1~2 匙揉成麵
團, 成薄片使用。

2 人份
料理時間 35 分鐘

主材料
千層麵 3 片
鹽 少許
番茄糊（罐頭）1 杯
莫扎瑞拉乳酪 1/2 杯
帕馬森乳酪 少許
洋香菜葉 少許

白醬材料
奶油 1 匙
麵粉 1.5 匙
牛奶 2/3 杯
鹽、胡椒粉 少許

1）千層麵放入鹽水中煮 6 分鐘後，不用沖冷水，直接撈起備用。

2）製作白醬。鍋中放入奶油 1 匙、麵粉 1.5 匙，用微火炒成糊狀，倒入牛奶 2/3 杯，充分攪拌到沒有塊狀麵團，加入少許鹽及胡椒粉調味。

3）焗烤容器底部先塗上一層番茄糊和白醬。

沒有適合的焗烤容器，使用市售的拋棄式鋁箔烤盤也很方便。

4）鋪上一片千層麵後，再塗上番茄糊和白醬，反覆堆疊完成後，撒上莫扎瑞拉乳酪。

5）放入 200℃ 預熱好的烤箱，烤 10 分鐘。最後在表面撒上帕馬森乳酪和洋香菜葉。

蒜味麵包

奶油使用前請先放常溫退冰軟化，再與其他材料一起攪拌。

2 人份
料理時間 20 分鐘

主材料
法國麵包 1/2 條

蒜味奶油材料
奶油 4 匙
蒜泥 2 匙
洋香菜葉 1 匙
砂糖 0.5 匙
奧勒岡葉 少許

Cooking Tip
奧勒岡是一種可食用的香草植物，葉子口感柔順，主要用於製作沙拉和義大利麵等料理，但是放太多奧勒岡，會搶走料理原本的味道和香氣，請酌量使用。

1）法國麵包斜切成 1cm 厚薄片。

2）奶油 4 匙、蒜泥 2 匙、洋香菜葉 1 匙、砂糖 0.5 匙、奧勒岡葉少許攪拌均勻。

3）法國麵包均勻塗上蒜味奶油。

4）放入 200℃ 預熱好的烤箱，烤 8~10 分鐘。

墨西哥薄餅披薩

2 人份
料理時間 10 分鐘

材料
青椒 1/4 顆
黑橄欖 2 顆
墨西哥薄餅 2 片
番茄糊 1/4 杯
洋蔥末 2 匙
玉米粒（罐頭）2 匙
莫扎瑞拉乳酪 1/2 杯
鹽、胡椒粉 少許
食用油 少許

1）青椒切成玉米粒大小，黑橄欖切片。

2）墨西哥薄餅均勻塗抹一層番茄糊，放上青椒、黑橄欖、洋蔥末、玉米粒，撒上莫扎瑞拉乳酪。

3）墨西哥薄餅放在烤盤上，放入 230℃ 預熱好的烤箱，烤 7 分鐘。

法國長棍披薩

家裡有烤箱的話，最簡單能做的料理就是披薩。利用現成冷凍披薩皮、墨西哥薄餅、法國長棍麵包、土司、年糕等當作餅皮，就能輕鬆做出各式各樣的披薩。餅皮外酥內軟，乳酪濃郁滑順，還有什麼工具比烤箱更能做出美味的披薩呢！

2 人份
料理時間 30 分鐘

替代食材
奧勒岡葉→羅勒葉

主材料
法國長棍麵包 1/2 條
小番茄 4 顆
杏鮑菇 1 根
青椒 1/2 顆
洋蔥 1/4 顆
青辣椒 1 根

食用油 少許
鹽、胡椒粉 少許
牛絞肉 100g
番茄糊（罐頭）1/4 杯
年糕片 1 杯
莫扎瑞拉乳酪 1 杯

牛絞肉調味材料
醬油 1 匙
砂糖 0.3 匙
蔥花 1 匙
蒜泥 0.5 匙
胡椒粉 少許

番茄基底醬材料
罐裝整顆番茄 1 罐
橄欖油 2 匙
蒜泥 2 匙
洋蔥末 1/2 顆
奧勒岡葉 少許
砂糖 少許
鹽、胡椒粉 少許

若沒有奧勒岡葉，也可以省略不放。

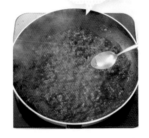

1）製作番茄基底醬。罐頭番茄整顆搗碎；取一個鍋子，放入橄欖油 2 匙、蒜泥 2 匙、洋蔥末 1/2 顆，以中火拌炒 5 分鐘。

2）加入搗碎的番茄，轉大火煮至沸騰，再轉小火熬煮 10 分鐘，使醬汁變濃稠；撒上少許奧勒岡葉、砂糖、鹽、胡椒粉調味。

3）法國長棍橫切成兩半，均勻塗上步驟 2 做好的番茄基底醬。

4）小番茄切對半；杏鮑菇、青椒、洋蔥、青辣椒切細丁；平底鍋內倒入食用油，放入蔬菜丁拌炒後，加入少許鹽及胡椒粉調味。

5）牛絞肉中加入醬油 1 匙、砂糖 0.3 匙、蔥花 1 匙、蒜泥 0.5 匙、鹽少許攪拌均勻，用平底鍋炒熟。

6）烤盤內鋪上烤盤紙，放上年糕片及塗好番茄基底醬的法國長棍，再將小番茄，炒好的牛絞肉和蔬菜丁均勻鋪在麵包和年糕上，撒上莫扎瑞拉乳酪；放入 200℃ 預熱好的烤箱，烤 7~8 分鐘。

法國長棍蔬菜派

2 人份
料理時間 20 分鐘

材料
法國長棍 1/2 條
洋蔥 1/4 顆
青椒 1/4 顆
青辣椒 1 顆
食用油 少許
燉豆（罐頭）1/2 杯
番茄醬 3 匙
莫扎瑞拉乳酪 1/2 杯
鹽、胡椒粉 少許

Cooking Tip
法國長棍中間挖空後，
取出的麵包可以製作麵
包布丁或是麵包粉。

1）法國長棍橫切剖半後，挖出中間的麵包。

2）洋蔥、青椒、青辣椒切丁。

3）平底鍋內放入食用油，將洋蔥、青椒、青辣椒拌炒一下，加入燉豆，煮 5 分鐘，加入番茄醬和少許鹽及胡椒粉調味。

4）炒好的蔬菜填入挖空的法國麵包中，撒上莫扎瑞拉乳酪，放入 200℃ 的烤箱，烤 5~7 分鐘。

法國酥脆先生 & 酥脆夫人

2 人份
料理時間 25 分鐘

主材料
土司 4 片
火腿片 2 片
乳酪片 2 片
莫扎瑞拉乳酪 1/2 杯
雞蛋 1 顆
鹽、胡椒粉 少許
食用油 少許

白醬材料
洋蔥 1/4 杯
奶油 1 匙
麵粉 1.5 匙
牛奶 1 杯
鹽、胡椒粉 少許

Cooking Tip

酥脆先生（Croque Monsieur）是指焗烤火腿乳酪三明治。Croque 是法文「酥脆」的意思，Monsieur 則指「先生」。這道料理是過去的礦工覺得冷掉變硬的三明治很難吃，索性放在火爐上加熱，卻意外創造了這款好吃的平民點心。酥脆先生上方再放上一顆荷包蛋，就變成酥脆夫人（Croque Madame），荷包蛋就像女士的帽子，所以稱為夫人。

1）白醬材料中的洋蔥切絲。

2）取一個鍋子，奶油 1 匙和切成絲的洋蔥、麵粉 1.5 匙，用微火炒成糊狀，加入牛奶 1 杯，充分攪拌到沒有塊狀麵團，再加入少許鹽和胡椒粉調味。

3）拿一片土司鋪上火腿片和乳酪片，再蓋上一片土司，最上層均勻塗上煮好的白醬，撒滿莫扎瑞拉乳酪，放入 220℃ 的烤箱，烤 5~7 分鐘。

4）煎一顆荷包蛋，放在烤好的酥脆先生上，即完成酥脆夫人。

核桃牛肉堡

漢堡是在麵包中加夾入漢堡排和蔬菜一起吃，現在美國的漢
堡專賣店也推出沒有肉排的素食漢堡，或是有兩層肉排甚至
三層肉排的大漢堡，以及沒有麵包，只有肉排和蔬菜的無麵
包漢堡。漢堡沒有固定的組合，人人都可以選擇自己想要的
食材，做出具有個人特色，口味和形狀都獨一無二的漢堡或
三明治。

Cooking Tip
用熱狗麵包取代
漢堡麵包時，肉
排的形狀也要捏
塑成符合熱狗麵
包的形狀。

2 人份
料理時間 35 分鐘

主材料
結球萵苣 2 片
番茄 1/2 顆
牛絞肉 150g
核桃碎末 1 匙
麵包粉 2 匙
熱狗麵包 2 個
黃芥末醬 2 匙
鹽、胡椒粉 少許

牛絞肉調味材料
洋蔥 1/8 顆
醬油 2 匙
砂糖 1 匙
蒜泥 0.5 匙
香油 0.5 匙
清酒 1 匙
胡椒粉 少許

替代食材
熱狗麵包→漢堡麵包
結球萵苣→蘿美生菜、高麗菜

1）洋蔥切丁；萵苣洗淨撕成小片；番茄切片。

2）牛絞肉中加入切好的洋蔥丁、醬油 2 匙、砂糖 1 匙、蒜泥 0.5 匙、香油 0.5 匙、清酒 1 匙、胡椒粉少許，再加入切成碎末的核桃 1 匙、麵包粉 2 匙拌勻。

3）調味好的牛絞肉捏塑成熱狗麵包的形狀後壓平。烤盤內鋪上烤盤紙或鋁箔紙，放上烤架及漢堡排，放入 220℃的烤箱，烤 10 分鐘。

結球萵苣洗好後，請用廚房紙巾擦乾水分，完成的漢堡才不會濕濕爛爛的。

4）熱狗麵包切開，塗上黃芥末醬，夾入結球萵苣、漢堡肉排及番茄片。

照燒雞肉堡

2 人份
料理時間 30 分鐘

材料
雞胸肉 1 塊
照燒醬 3 匙
結球萵苣 2 片
番茄 1/2 顆
洋蔥 1/4 顆
漢堡麵包 2 個
美乃滋 2 匙
乳酪片 2 片

替代食材
照燒醬→烤肉醬

Cooking Tip
雞胸肉用醬料醃太久，
水分會流失，變得不好
吃。

1）雞胸肉攤開，塗
上照燒醬 2 匙，靜置
10 分鐘醃入味。

2）萵苣洗淨，撕成
小塊；番茄及洋蔥切
片。

3）雞胸肉放在烤架
上，放入 200℃ 的烤
箱，烤 10 分鐘。

4）漢堡麵包切開，
塗上美乃滋，夾入萵
苣、番茄、雞胸肉、
洋蔥，再淋上照燒醬
1 匙，放上乳酪片 1
片。

豬排三明治

2 人份
料理時間 30 分鐘

主材料
豬里肌肉 2 片
麵包粉 1 杯
食用油 4 匙
麵粉 1/4 杯
雞蛋 1 顆
日式豬排醬 1/4 杯
土司 4 片

豬排調味材料
鹽、胡椒粉 少許

替代食材
豬里肌肉→豬梅花肉、
雞胸肉

Cooking Tip
用噴霧器將麵包粉稍微
噴濕，再用手稍微攪拌
一下，炸出來的麵衣會
更蓬鬆酥脆。

1）豬里肌撒上少許
鹽和胡椒粉調味；麵
包粉淋上食用油，攪
拌均勻備用。

2）醃好的豬里肌依
序抹上麵粉、蛋液，
放在麵包粉上按壓，
使麵包粉牢牢黏在豬
排兩面。

3）烤盤內鋪上烤盤
紙或鋁箔紙，放上
烤架及豬排，放入
180℃預熱好的烤箱，
烤 15 分鐘。

4）土司淋上豬排醬，
放上烤好的豬排，再
淋一層豬排醬，蓋上
另一片土司，切成想
要的大小。

番茄乳酪三明治

2 人份
料理時間 10 分鐘

材料
番茄 1 顆
鹽、胡椒粉 少許
莫扎瑞拉乳酪（塊狀）100g
土司 2 片
青醬 2 匙

Cooking Tip
想要自製青醬，請在調理機中放入羅勒、松子、大蒜、橄欖油，按下電源，打成濃稠醬汁，再加入少許鹽和胡椒粉調味。沒有青醬的話，土司上也可以塗抹番茄糊或黃芥末醬，放入烤箱烘烤。

1）番茄切片，鋪在廚房紙巾上，撒上少許鹽及胡椒粉調味。

2）莫扎瑞拉乳酪切成和番茄差不多的大小。

3）土司抹上一層薄薄青醬，番茄和莫扎瑞拉乳酪整齊排列在土司上。

4）放入 200℃預熱好的烤箱，烤 5 分鐘。

鯖魚漢堡

2 人份
料理時間 25 分鐘

主材料
薄鹽鯖魚 1 尾
料理酒 1 匙
洋蔥 1/4 顆
番茄 1/2 顆
結球萵苣 2 片
法國麵包 1/2 條
酸黃瓜醬 1 匙

塗醬材料
韓國辣椒醬 2 匙
梅子汁 1 匙
香蒜粉 0.3 匙

Cooking Tip
結球萵苣請撕成小片，
用刀切會破壞結球萵苣
的營養素，切開的斷面
也容易變色。

烤箱沒有燒烤
功能時，請用
250℃ 烤 10 分鐘。

這裡有少字喔，
翻譯沒有放？

1）薄鹽鯖魚撒上料理酒 1 匙去腥，放入烤箱以燒烤功能烤 10 分鐘。

2）洋蔥切絲，浸泡冰水去除辛辣味後，瀝乾；番茄切小片。

3）結球萵苣洗淨，撕成適口大小。

4）法國麵包橫剖成兩半；辣椒醬 2 匙、梅子汁 1 匙、香蒜粉 0.3 匙拌勻，塗抹在麵包上；烤好的鯖魚放在底層麵包上，再放上各種蔬菜、酸黃瓜醬，最後蓋上另一片法國麵包夾成漢堡，切成適口大小。

雙味可樂餅

可樂餅是日本的家常菜，馬鈴薯泥和各樣配料混合後，揉成圓餅狀，裹上麵包粉油炸。但是這道食譜不用油炸的方式，而是將食用油拌入麵包粉中，用烤箱烤，就會產生類似油炸的酥脆口感，並減少油脂攝取，對身體更健康。

Cooking Tip

可依個人喜好，選擇將馬鈴薯泥和地瓜泥分開製成兩種口味的可樂餅，還是混和在一起，做成雙重口味的馬鈴薯地瓜可樂餅。

2 人份
料理時間 40 分鐘

材料

馬鈴薯 1 顆
地瓜 1 顆
奶油 1 匙
洋香菜葉 0.3 匙
鹽 少許

乳酪丁 1 把
麵包粉 1 杯
食用油 3 匙
麵粉 1/4 杯
雞蛋 1 顆

替代食材
乳酪丁→乳酪片

1）馬鈴薯和地瓜表皮洗淨，放入烤箱烤 25~30 分鐘，烤熟後去皮，搗成泥。

2）奶油 1 匙、洋香菜葉 0.3 匙、鹽巴少許等調味料，分成兩份，分別拌入馬鈴薯泥和地瓜泥中調味。

3）乳酪丁切成 1cm 大小。

4）麵包粉中淋上食用油 3 匙，攪拌均勻。

5）取一些馬鈴薯泥和地瓜泥各自包入一顆乳酪丁，搓揉成圓球狀；外面沾上麵粉、蛋液及麵包粉，用手按壓緊實。

6）放入 230℃ 預熱好的烤箱，烤 15 分鐘。

墨西哥捲餅

2 人份
料理時間 20 分鐘

材料
雞柳 2 條
洋蔥 1/6 顆
甜椒 1/4 顆
番茄 1/2 顆
食用油 少許
鹽、胡椒粉 少許
墨西哥薄餅 2 張
莫扎瑞拉乳酪 1/2 杯

替代食材
雞柳→蝦仁、魷魚

Cooking Tip
墨西哥薄餅買回來後，可以用塑膠袋一張一張分裝，再疊起來放進冷凍庫保存。要用時，一次取一片出來解凍就可以了。若是買回來一整包直接放入冷凍庫保存，要用時必須全部解凍，一張張慢慢撕開才不會破掉。

1）雞柳切成 1cm 小丁，洋蔥、甜椒、番茄也切成 1cm 小丁。

2）平底鍋放入食用油，放入雞柳丁炒到快熟時，加入洋蔥、甜椒拌炒，撒上鹽及胡椒粉少許調味，最後放入番茄稍微拌一下後立即關火。

3）炒好的雞肉和蔬菜倒在墨西哥薄餅上，鋪成半圓狀，撒上滿滿的莫扎瑞拉乳酪。

4）放入 220℃ 預熱好的烤箱，烤 5 分鐘取出，將餅折成半圓形。

蜂蜜土司

2 人份
料理時間 20 分鐘

材料
土司（3cm 厚）1 片
奶油 3 匙
楓糖 2 匙
鮮奶油 1/2 杯
糖粉 少許
杏仁片 少許

替代食材
楓糖→蜂蜜、果糖

Cooking Tip
製作蜂蜜土司，請買整條沒切的土司，再自己切成適當大小。買不到整條沒切的土司，改用餐包或英式馬芬也是不錯的選擇。

1）土司用刀劃出如圖中橫豎交錯的深切痕。

2）奶油放入微波爐加熱 20 秒融化後，加入楓糖攪拌均勻。

3）步驟 2 均勻塗抹在土司表面；土司放入 180℃ 預熱好的烤箱，烤 5~7 分鐘。

4）鮮奶油打發成鮮奶油霜，擠在烤好的土司上，再撒上糖粉和杏仁片。

法國土司

1 人份
料理時間 25 分鐘

材料
土司（3cm 厚）1 塊
香蕉 1 根
雞蛋 1 顆
牛奶 1/4 杯
砂糖 1 匙
鹽 少許
玉米片 1 杯

替代食材
香蕉→乳酪

Cooking Tip
玉米片裝入塑膠袋中，敲成碎片，更容易沾附在土司上。

1）土司側邊橫切出一個開口，像口袋一樣；香蕉切片，塞入土司內。

2）雞蛋、牛奶、砂糖拌勻後，撒一點點鹽。

3）土司兩面分別浸泡到步驟 2 的牛奶水中；兩面都撒上敲碎的玉米片。

4）放入 180℃預熱好的烤箱，烤 8~10 分鐘。

麵包布丁

2 人份
料理時間 30 分鐘

材料
法國長棍 1/4 條
雞蛋 2 顆
鹽 少許
牛奶 2/3 杯
蜂蜜 2.5 匙
肉桂粉 少許
蔓越莓 1 匙

替代食材
法國麵包→土司、餐包

1）法國長棍切成小塊。

2）攪拌盆中放入雞蛋和鹽，用攪拌器打到起泡後，加入牛奶、蜂蜜、肉桂粉拌勻。

3）蛋液倒入裝有法國麵包和蔓越莓的攪拌盆中，靜置 5 分鐘。

4）放入 200℃ 預熱好的烤箱，烤 20 分鐘後，再蓋上鋁箔紙，續烤 10 分鐘。

南瓜布丁

2 人份
料理時間 30 分鐘

材料
南瓜 1/4 顆
吉利丁片 2 片
牛奶 1/4 杯
鮮奶油 1/2 杯
砂糖 2 匙
鹽 少許

替代食材
南瓜→地瓜

南瓜泥和牛奶用
調理機攪碎，南
瓜泥的質地會更
綿密。

1）南瓜去籽，放入
200℃預熱好的烤箱，
烤 15~20 分鐘後取
出，趁熱去皮，果肉
壓成泥。

2）牛奶倒入南瓜泥
中拌勻，過濾，加入
砂糖 2 匙及鹽少許。

3）吉利丁片用冰水
泡軟後擰乾，放入微
波爐加熱融化，加入
步驟 2 中拌勻。

4）鮮奶油打發成鮮
奶油霜後，加入步驟
3 中拌勻，分裝到小
容器中，送入冰箱藏
凝固。

土司邊堅果酥條

2 人份
料理時間 30 分鐘

主材料
堅果類（花生、杏仁等）
1/4 杯
土司邊 4 片量
砂糖 3 匙
肉桂粉 1 匙

奶油砂糖水材料
奶油 3 匙
砂糖 1 匙

替代食材
堅果類→
黑芝麻、白芝麻

Cooking Tip
製作三明治時，若有切掉的土司邊或是土司頭尾兩片，記得不要丟掉，可以製作土司邊酥條。除了土司之外，海綿蛋糕也可以拿來做酥條喔！

1）花生、杏仁等堅果切碎。

2）奶油 3 匙放入微波爐加熱 30 秒融化後，加入砂糖 1 匙攪拌均勻。

3）土司邊浸泡到步驟 2 的奶油砂糖水中；烤盤內鋪上烤盤紙或鋁箔紙，放上浸泡過的土司邊，砂糖 3 匙、肉桂粉 1 匙、碎堅果拌勻，平均撒在土司邊上。

4）放入 180℃ 預熱好的烤箱，烤 10~15 分鐘。

蒜味櫻花蝦餅乾

6 人份
料理時間 25 分鐘

材料
低筋麵粉 120g
鹽 0.3 匙
香蒜粉 1 匙
奶油 3 匙
櫻花蝦 1/2 杯
牛奶 1/4 杯

替代食材
低筋麵粉→中筋麵粉

Cooking Tip
櫻花蝦太潮濕，可以用平底鍋不放油乾炒，或是用烤箱以 200℃烤 3~4 分鐘，烤得乾爽酥脆，就不會有腥味了。

> 南瓜泥和牛奶用調理機攪碎，南瓜泥的質地會更綿密。

1）低筋麵粉中加入鹽 0.3 匙，一起過篩後，加入香蒜粉 1 匙攪拌均勻。

2）奶油 3 匙放常溫下軟化後，倒入步驟 1 中，用手將奶油和麵粉拌勻。

3）倒入櫻花蝦拌勻後，加入牛奶，搓揉成麵團，再整形成條狀，用保鮮膜包好，送入冰箱靜置冷藏。

4）取出冷藏過的麵團，切成 0.2~0.3 公分厚的薄片；烤盤內鋪上烤盤紙或鋁箔紙，餅乾保持間距放在烤盤上，放入 170℃預熱好的烤箱，烤 10 分鐘。

焗烤薯餅

2 人份
料理時間 20 分鐘

材料
玉米粒（罐頭）2 匙
洋蔥 1/6 顆
胡蘿蔔 少許
青辣椒 2 根
杏鮑菇 1/2 根
食用油 少許
番茄醬 1/4 杯
Tabasco 辣醬 1 匙
鹽、胡椒粉 少許
薯餅 4 片
莫扎瑞拉乳酪 1/4 杯
洋香菜葉 少許

替代食材
Tabasco 辣醬→
韓國辣椒醬

薯餅在超市的
冷凍食品區都
找得到。

1）洋蔥、胡蘿蔔、青辣椒、杏鮑菇都切成和玉米粒一樣的大小。

2）平底鍋放入食用油，洋蔥、胡蘿蔔、杏鮑菇炒香後，放入番茄醬和 Tabasco 辣醬拌炒，最後加入青辣椒和玉米粒稍微攪拌一下，撒上少許鹽及胡椒粉調味。

3）烤盤內鋪上烤盤紙或鋁箔紙，放上薯餅。

4）步驟 2 食材放在薯餅上，撒上莫扎瑞拉乳酪；放入 180℃ 的烤箱，烤 8~10 分鐘後，撒上洋香菜葉。

烤馬鈴薯

2 人份
料理時間 40 分鐘

材料
馬鈴薯 2 顆
培根 2 片
洋蔥 1/6 顆
鹽、胡椒粉 少許
乳酪片 2 片
洋香菜葉 少許
酸奶油 1/4 杯

替代食材
酸奶油→原味優格

南瓜泥和牛奶用
調理機攪碎,南
瓜泥的質地會更
綿密。

1）馬鈴薯洗淨,切對半,放入 200℃ 的烤箱,烤 25~30 分鐘,烤熟後挖出中間部分,搗成泥。

2）培根和洋蔥切細丁,放入平底鍋炒熟,撒上少許鹽和胡椒粉調味。

3）挖出的馬鈴薯泥和炒過的培根、洋蔥丁攪拌好後,重新填入挖空的馬鈴薯中。

4）乳酪片撕成小塊,鋪在馬鈴薯上,放入 200℃ 的烤箱,烤 10 分鐘,撒上洋香菜葉,搭配酸奶油一起食用。

2 人份
料理時間 10 分鐘

材料
玉米粒（罐頭）1 罐
甜椒 1/4 顆
美乃滋 2 匙
鹽、胡椒粉 少許
莫扎瑞拉乳酪 1/4 杯

替代食材
甜椒→番茄

Cooking Tip
不用罐頭玉米粒，改用
新鮮玉米的話，請先將
玉米放入鹽水中煮熟，
再將玉米粒剝下來使
用。也可以加入葡萄乾、
蔓越莓乾、藍莓乾等果
乾。

玉米乳酪

1）玉米粒瀝乾水分；
甜椒切成和玉米粒一
樣的大小。

2）玉米粒和甜椒拌
勻後，加入美乃滋 2
匙、少許鹽和胡椒粉
調味。

3）烤箱用容器內放
入玉米粒、甜椒丁，
撒上莫扎瑞拉乳酪，
放入 200℃的烤箱，
烤 5~7 分鐘。

人氣烘培
×21道

烤箱料理的食譜中，最常見的就是烘焙食譜。

各式各樣主題的烘焙食譜書也多到令人眼花撩亂，不知該買哪一本才好。

這個單元介紹如何運用最簡單的烘焙材料、烘焙工具、家用烤箱，

製作出簡單又美味的烘焙點心。

動物造型餅乾

每種餅乾麵團的特性不同，餅乾塑形時，有時會需要用手捏，
用湯匙挖，裝入擠花袋中用擠的，放入冰箱再拿出來切，或
是擀平再壓模。此款動物造型餅乾是用壓模的方式，麵團保
存於冰箱中，什麼時候想吃，把麵團擀平，用壓模壓成自己
喜歡的造型，烘烤即可食用。還可以在上面用糖霜或巧克力
裝飾及寫字，是很適合拿來送禮的一款餅乾。

Cooking Tip

烤箱中若放 2 個烤盤，
烘烤時間要增加 5 分鐘，
烤 10 分鐘後要將上層和
下層烤盤位置對調，這
樣上下層餅乾烤出來的
顏色才會一致。

25~30 片
料理時間 30 分鐘

材料
奶油 140g
糖粉 120g
雞蛋 1 顆
低筋麵粉 300g
泡打粉 1g

1）奶油與糖粉打發後，分次倒入雞蛋液，繼續打到蛋液完全融合。

2）低筋麵粉和泡打粉混和，篩入步驟 1 中，用刮刀翻拌均勻，用手揉成團狀，麵團裝入塑膠袋中，放入冰箱冷藏 3~4 小時。

餅乾的厚度或大小不一致，所需的烘烤時間也會不同，同一批餅乾，請選擇大小相似的餅乾壓模。

3）麵團用麵棍桿成厚度均一的平面，用動物形狀的餅乾壓模壓出造型。

4）放入 180℃預熱好的烤箱，烤 10~15 分鐘。

核桃巧克力豆餅乾

25~30 片

料理時間 30 分鐘

材料

奶油 80g

黃砂糖 80g

雞蛋 1 顆

低筋麵粉 180g

泡打粉 1/2 小匙

小蘇打粉 1/2 小匙

鹽 1g

巧克力豆 80g

核桃 50g

Cooking Tip

麵團拌勻後，可以直接用手分成大小差不多的小麵團，或是用湯匙挖，分成等量的小麵團。因為每個烤箱的溫度略有差異，烘烤溫度在 170℃ ~190℃ 之間皆可，再依據餅乾的上色程度，斟酌調整烤箱的溫度和烘烤時間。

1）奶油預先放在常溫下軟化後，分 2~3 次加入黃砂糖，打發成蓬鬆的絨毛狀。

2）雞蛋液分次倒入步驟 1 中一邊攪拌，使蛋液完全融合。

3）低筋麵粉、泡打粉、小蘇打粉、鹽混和後，篩入步驟 2 中，用刮刀翻拌均勻，再加入巧克力豆和核桃拌勻。

4）麵團分成大小一樣的小麵團，保持間距，放置在烤盤上；放入 170℃ 預熱好的烤箱，烤 15~20 分鐘。

蛋白霜餅乾

15~20 片
料理時間 30 分鐘

材料
蛋白 2 顆量
鹽 1g
太白粉 1 小匙（5g）
白砂糖 2/3 杯
食用色素 適量

Cooking Tip
用電動攪拌器打發蛋白
和白砂糖時，請用低速
攪拌，若用高速攪拌很
容易會打發過頭，使泡
沫變成破碎的棉花狀，
無法製作蛋白霜餅乾。

1）攪拌盆中放入蛋
白、鹽、太白粉，用
電動攪拌器低速打發
至出現粗泡沫。

2）分次倒入白砂糖，
繼續打發至乳霜狀，
滴入食用色素，用刮
刀翻拌均勻。

3）擠花袋中放入星
形擠花嘴，裝入蛋白
霜，取適當間距，將
蛋白霜擠在烤盤上。

4）放入 130℃預熱好
的烤箱，烤 30~40 分
鐘，烤好後放在冷卻
網上降溫。

椰子餅乾

30~35 片
料理時間 30 分鐘

材料
奶油 140g
白砂糖 100g
鹽 2g
雞蛋 60g
香草精 1g
低筋麵粉 200g
椰子絲 70g

Cooking Tip
放入椰子絲後，盡快攪拌完放入烤箱烘烤，若攪拌太久的話，椰子絲會斷掉，烤出來的餅乾會變得塌陷，不立體。

1）奶油預先放在常溫下軟化，打發成蓬鬆的絨毛狀，加入白砂糖和鹽拌勻。

2）雞蛋液分次倒入步驟 1 中攪拌，使蛋液完全融合，繼續打至奶油變得蓬鬆輕盈，滴入香草精拌勻。

3）低筋麵粉篩入步驟 2 中，用刮刀翻拌均勻後，放入椰子絲拌勻。

4）用湯匙挖取麵團，保持適當間距放置在烤盤上；放入 170℃預熱好的烤箱，烤10~15 分鐘。

花生奶油酥餅

25~30 片
料理時間 35 分鐘

材料

奶油 130g
花生醬 20g
糖粉 65g
雞蛋 1/2 顆
鮮奶油 35g
低筋麵粉 180g

Cooking Tip

奶油務必先打成蓬鬆的絨毛狀後，再加入花生醬和糖粉拌勻，若是奶油沒有充分打發，麵糊就不會柔順，裝入擠花袋後，也很難順利擠出來。

1）奶油預先放在常溫下軟化，打發成蓬鬆的絨毛狀；加入花生醬攪拌均勻後，再倒入糖粉拌勻。

2）雞蛋液分 2~3 次倒入步驟 1 中攪拌，使蛋液完全融合，分次倒入鮮奶油拌勻。

3）低筋麵粉篩入步驟 2 中，用刮刀翻拌均勻。

4）擠花袋中放入星形擠花嘴，裝入麵糊，保持適當間距擠在烤盤上，放入 170℃ 預熱好的烤箱，烤 15~20 分鐘。

基礎馬芬

還記得我第一次學做馬芬時，守在烤箱前寸步不離，
看裡面的馬芬麵糊漸漸膨脹，感覺就像是在看魔術表演般新奇。
拌好的基礎馬芬麵糊裡，加入不一樣的食材，
就能一次做出許多種不同口味的馬芬。

Cooking Tip

基礎馬芬麵糊中，放入切碎的紅
棗、核桃、巧克力豆、各種堅果，
能變化出不同口味的馬芬。請在麵
粉完全融入麵糊之前，放入想添加
的食材一起攪拌均勻。麵糊填入馬
芬烤模時，可以用湯匙，或是將麵
糊裝入擠花袋，再填入烤模中。麵
糊裝到烤模的 7 分滿即可。

6 個
料理時間 35 分鐘

材料
低筋麵粉 200g
泡打粉 2 小匙
奶油 160g
白砂糖 160g
雞蛋 2 顆
牛奶 4 大匙

麵糊表面可以
撒上自己喜歡
的裝飾食材。

1）麵粉和泡打粉一起過篩備用。

2）奶油和白砂糖用電動攪拌器打發成絨毛狀，分次加入雞蛋液，繼續打至奶油變得蓬鬆輕盈。

3）步驟 1 加入步驟 2 中，用刮刀翻拌均勻。

4）馬芬烤模中，填入 7 分滿的麵糊，放入 180℃預熱好的烤箱，烤 20~25 分鐘。

Special Recipe

裝飾用奶油霜

材料
奶油乳酪 100g
蜂蜜 20g
檸檬汁 10g
鮮奶油 100g

1）奶油乳酪攪拌至鬆軟後，加入蜂蜜、檸檬汁拌勻，再加入鮮奶油拌勻。

2）奶油霜裝入擠花袋中，在馬芬蛋糕上做裝飾。

香蕉馬芬

香蕉是和馬芬很搭的水果。香蕉表皮出現很多黑色斑點時，正好適合拿來製作香蕉馬芬，因為成熟而香氣濃郁的香蕉，可以使馬芬的質地鬆軟濕潤。

Cooking Tip
竹籤插入馬芬中央，
沒有沾到麵糊就表示
已經烤熟了。

Flowering Plants
GREENHOUSE

6 個
料理時間 35 分鐘

材料
奶油 130g
核桃 80g
香蕉 100g（中型大小 1 根）
低筋麵粉 200g
玉米粉 20g

泡打粉 8g
白砂糖 80g
黃砂糖 60g
雞蛋 1 顆
蛋黃 1 顆量
牛奶 65g
原味優格 50g

1）奶油預先放常溫下軟化；核桃切碎；香蕉一半切成片狀，一半用叉子壓成泥。

2）低筋麵粉、玉米粉、泡打粉過篩備用。

3）攪拌盆中放入奶油，用攪拌器打散奶油，分 3~4 次加入白砂糖和黃砂糖，繼續攪拌至呈現絨毛狀。

4）雞蛋和蛋黃打散後，分次加入步驟 3 中，用攪拌器打至蛋液完全被吸收。

5）步驟 4 中，倒入一點過篩好的步驟 2 粉類食材，用刮刀翻拌至殘留少許麵粉時，倒入一些牛奶和優格翻拌均勻。再重複粉類、液體類的攪拌順序約 3~4 次，直到粉類及液體食材全部拌入。

6）麵糊中放入一些核桃和香蕉泥輕輕拌勻後，填入馬芬烤模中，約 7 分滿，用香蕉片和核桃在表面做裝飾；放入 180℃ 預熱好的烤箱，烤 20 分鐘。

胡蘿蔔馬芬

6 個
料理時間 45 分鐘

主材料
低筋麵粉 150g
泡打粉 1/2 小匙
胡蘿蔔 120g
雞蛋 2 顆
黃砂糖 70g
食用油 3 大匙
核桃 20g

乳酪內餡材料
奶油乳酪 60g
原味優格 1 大匙
白砂糖 1 大匙

替代食材
胡蘿蔔
→南瓜、地瓜、節瓜

食用油可以使用橄欖油、葵花油、芥花籽油、葡萄籽油。

除了馬芬烤模外，此麵糊也可以用磅蛋糕烤模烘烤。

1）低筋麵粉和泡打粉混合；胡蘿蔔刨成絲；奶油乳酪打發成蓬鬆的絨毛狀後，加入優格及砂糖攪拌均勻。

2）用攪拌器將雞蛋液打出泡沫，分次加入黃砂糖，繼續打到呈現細緻的泡沫。

3）步驟 2 中加入食用油，並篩入粉類食材，用刮刀翻拌均勻。

4）核桃和胡蘿蔔絲放入步驟 3 中輕輕拌勻；麵糊倒入馬芬烤模中約 7 分滿，放上乳酪內餡；放入 170℃ 預熱好的烤箱，烤 20~25 分鐘。

南瓜大理石磅蛋糕

迷你磅蛋糕 2 個或馬芬 6 個

料理時間 45 分鐘

材料

低筋麵粉 120g

泡打粉 2 小匙

肉桂粉 1/4 小匙

奶油 100g

白砂糖 100g

鹽 2g

雞蛋 2 顆

可可粉 1 大匙

南瓜泥 120g

Cooking Tip

先將奶油打成蓬鬆絨毛狀，加入砂糖拌勻後，再分次加入雞蛋，充分攪拌至蛋液完全吸收，每個步驟都要做確實，做出來的蛋糕口感才會柔軟蓬鬆。馬芬或磅蛋糕用太大或太高的烤模烘烤，有可能外面烤焦裡面卻還沒熟，請選用適當大小的烤模。

烤模形狀不同，烘烤的時間可能也有差異。

1）低筋麵粉、泡打粉、肉桂粉過篩備用。

2）奶油、砂糖、鹽打發成蓬鬆絨毛狀後，分次加入雞蛋液，打發至質地變得鬆發輕盈；倒入步驟 1 的粉狀食材，攪拌均勻。

3）麵糊分成兩份，一份加入可可粉拌勻，另一份加入南瓜泥拌勻。

4）可可麵糊倒入南瓜麵糊中，約略攪拌一下，使麵糊呈現大理石紋路後，倒入烤模中；放入 180℃ 預熱好的烤箱，烤 25~30 分鐘。

奶油乳酪司康

6 個
料理時間 35 分鐘

主材料
低筋麵粉 200g
泡打粉 2 小匙
白砂糖 45g
鹽 2g
奶油 50g
奶油乳酪 80g
雞蛋 1/2 顆
牛奶 1/4 杯
手粉 少許

蛋黃液材料
蛋黃 1 顆份
牛奶 1 大匙
鹽 少許

烤小尺寸的馬芬時，請斟酌縮減烘烤時間。

1）低筋麵粉和泡打粉過篩，加入砂糖和鹽拌勻後，放入冰奶油，用刮板反覆切壓，使奶油充分分散於麵粉中後，放入奶油乳酪用相同方法拌勻。

2）雞蛋和牛奶攪拌均勻後，倒入步驟 1 中，搓揉成麵團，裝入塑膠袋中，靜置 30 分鐘鬆弛。

3）工作檯上撒一些手粉，放上麵團，再撒一些手粉，將麵團擀呈長方形，向中央折疊成 3 等份，用擀麵棍擀成原來的大小，再重新折疊成 3 等份。

4）步驟 3 重複 3~4 次後，擀成 2cm 厚，用壓膜塑形或是切成想要的大小，麵團表面刷上蛋黃液；放入 200℃ 預熱好的烤箱，烤 15 分鐘。

布朗尼

正方形烤模 1 個
料理時間 40 分鐘

材料
黑巧克力 100g
奶油 125g
黑糖 150g
雞蛋 3 顆
低筋麵粉 50g
可可粉 5 大匙
泡打粉 1/4 小匙
杏仁片 50g

1）黑巧克力隔水加熱融化後，放入奶油一起融化。

2）黑糖放入步驟 1 中拌勻，再加入雞蛋液攪拌均勻。

3）低筋麵粉、可可粉、泡打粉篩入步驟 2 中，用刮刀翻拌均勻。

4）烤模內鋪上烤盤紙，倒入麵糊，表面塗抹平整，撒上杏仁片；放入 180℃ 預熱好的烤箱，烤 25~30 分鐘。

瑪德蓮

6 個

料理時間 30 分鐘

材料

低筋麵粉 30g

泡打粉 1g

白砂糖 15g

蜂蜜 15g

雞蛋 30g

融化奶油 30g

檸檬 適量

Cooking Tip

麵糊放入冰箱冷藏靜置熟成 1 小時後，烤出來的瑪德蓮形狀和風味更佳。

1）低筋麵粉、泡打粉、砂糖篩入攪拌盆中拌勻。

2）蜂蜜、雞蛋加入步驟 1 中拌勻後，加入融化奶油拌勻。

3）檸檬用刨刀刨下檸檬表皮，並用榨汁器榨出檸檬汁，檸檬皮和檸檬汁加入步驟 2 中拌勻。

4）麵糊放冰箱冰鎮後，用湯匙將麵糊裝入瑪德蓮烤模中；放入 180℃ 預熱好的烤箱，烤 10 分鐘。

55~60 個
料理時間 30 分鐘

材料
白豆沙 500g
杏仁粉（烘焙用）50g
果糖 1 大匙
蛋黃 1 顆量
牛奶 2 大匙

替代食材
杏仁粉（烘焙用）→ 榛
果粉

Cooking Tip
用擠花袋為韓式白豆沙
菓子做造型時，除了做
成水滴狀，也可以做成
別的形狀。若是製作較
大顆的菓子，請記得增
加烘烤時間，外表才能
烤上色。

韓式
白豆沙菓子

1）白豆沙中加入杏
仁粉、果糖、蛋黃攪
拌均勻。

2）加入牛奶調節濃
稠度。

3）豆沙裝入擠花袋
中，在烤盤上擠出約
3cm 的水滴狀。

4）放入 180℃ 預熱好
的烤箱，烤 20 分鐘。

日式饅頭

製作日式饅頭時，令我想起童年記憶裡的那份甜蜜回憶。小時候的我總是期待爸爸的發薪日快點到來，因為每到發薪日，爸爸下班都會買一包栗饅頭回來。栗饅頭薄薄的餅皮內包著滿滿的香甜白豆沙內餡，是我童年難得能吃到的甜點。

Cooking Tip

日式饅頭的表面均勻塗抹上一層薄薄的蛋黃液，可以使饅頭的表面有金黃光澤，但是別太貪心一次塗很多蛋黃液，塗太多不只顏色會變深，還可能會烤焦喔！

10~15 個
料理時間 40 分鐘

主材料
雞蛋 1 顆
白砂糖 30g
果糖 7g
鹽 1/4 小匙
融化奶油 15g
牛奶 1/2 大匙
低筋麵粉 150g

杏仁粉（烘焙用）15g
泡打粉 3g
白豆沙 150g
韓國柚子醬 2 小匙

蛋黃液材料
蛋黃 1 顆份
牛奶 1 大匙

替代食材
韓國柚子醬
→切碎紅棗、切碎堅果

1）雞蛋打散後，加入砂糖、果糖、鹽，用打蛋器攪拌均勻，接著加入融化奶油和牛奶拌勻，最後篩入低筋麵粉、杏仁粉、泡打粉後，搓揉成麵團。

2）用塑膠袋包好麵團，放入冷藏鬆弛 30 分鐘，柚子醬加入白豆沙中，攪拌均勻。

> 日式饅頭也可以做成圓形，麵團和白豆沙內餡分成數等份，搓成圓球狀，小麵團壓扁後，包入豆沙餡搓成圓球狀。

3）用擀麵棍把麵團擀成 0.4~0.5cm 厚的正方形平面；白豆沙餡搓揉成長條狀，放在麵團上，捲成條狀，用塑膠袋包好，放入冰箱冷凍 1 小時。

4）麵團切成一口大小，放置在烤盤上；蛋黃和牛奶拌勻後，輕輕刷抹在麵團表面；放入 180℃預熱好的烤箱，烤 20 分鐘。

核桃派

運用家中現有的幾種材料和冰箱內剩下的核桃，就能做出像蛋糕店販賣的美味核桃派。不僅製作方法簡單，包裝一下還能當禮物送人，可以說是誠意十足的手工禮物，不知道怎麼包裝也不用擔心，到烘焙材料行買現成的蛋糕盒或派盒回來裝進去就可以了。

Cooking Tip
製作派皮時要用冰奶油和冰水，並使用刮板或奶油切割刀切割、攪拌，不要用手搓揉，因為搓揉的動作和手的溫度會使派皮麵團起筋，變得不酥脆。

派盤 1 份
料理時間 60 分鐘

主材料
低筋麵粉 180g
糖粉 15g
泡打粉 1/4 小匙
冰奶油 90g
冰水 50g
鹽 2g
手粉 少許

內餡材料
雞蛋 3 顆
黃砂糖 70g
果糖 120g
融化奶油 30g
肉桂粉 1 小匙
玉米粉 1 小匙
碎核桃 150g

鹽 少許
香草精 1g

替代食材
雞核桃→胡桃
果糖→楓糖
香草精→香草莢

1）低筋麵粉、糖粉、泡打粉一起篩入攪拌盆中；冰奶油切小塊後放入粉類食材中，用刮板反覆切壓，使奶油與粉類食材充分混合。

2）鹽與冰水混合，倒入步驟 1 中，用刮板持續攪拌成麵團後，用塑膠袋包好，放入冰箱冷藏 1 小時鬆弛。

3）工作檯上撒手粉，放上鬆弛好的麵團，用擀麵棍擀成 0.3cm 厚的派皮；派皮鋪在派盤上，用手按壓使派皮與派盤緊密貼合，用刀子切除多餘派皮，邊緣如上圖用手指捏出裝飾。

4）用叉子在派皮底部戳一些洞，防止派皮在烘烤時膨脹變形，派皮用塑膠袋裝好，重新放入冰箱冷藏鬆弛。

5）攪拌盆中放入雞蛋，黃砂糖、果糖、鹽、香草精拌勻後，加入融化奶油、肉桂粉和玉米粉拌勻後，用濾網過濾掉雜質。

核桃請用 200℃ 烤 2~3 分鐘，等到口感酥脆再使用。

6）取出冰箱內的派皮，鋪滿碎核桃，淋上過濾好的雞蛋糖漿；放入 180℃ 預熱好的烤箱，烤 40~45 分鐘。

三色塔

色彩繽紛的水果塔陳列在蛋糕店櫥窗裡，總是會成為吸引眾人目光的焦點，亮眼的外表誘惑著我們，令人不自覺地發出「好漂亮～」、「哇～感覺好好吃喔～」等讚嘆聲。準備好各式各樣的水果，在家也能自己做出不輪蛋糕店的美味水果塔！

Cooking Tip

用當季盛產的水果裝飾好，再刷上鏡面果膠，可以增加水果的光澤度，看起來更鮮嫩欲滴，也可以防止水果的水分流失。

塔盤 1 份
或迷你塔模 2 份
料理時間 50 分鐘

主材料
奶油 60g
糖粉 30g
雞蛋 25g
低筋麵粉 90g
杏仁粉（烘焙用）25g
鮮奶油 少許
水果（葡萄、水蜜桃、
蘋果、奇異果等）適量

杏仁奶油餡材料
奶油 100g
砂糖 60g
雞蛋 2 顆
杏仁粉（烘焙用）100g
低筋麵粉 30g

1）製作杏仁奶油餡的奶油
預先放常溫下軟化，打發成
蓬鬆絨毛狀，加入砂糖攪
拌，分次加入雞蛋液，使蛋
液完全融入麵糊。

2）製作杏仁奶油餡的杏仁
粉和低筋麵粉篩入步驟 1
中，用刮刀翻拌均勻，完成
杏仁奶油餡。

3）製作塔皮：奶油加糖粉
打發，加入雞蛋拌勻後，再
篩入麵粉和杏仁粉攪拌均
勻。

4）塔皮麵團用塑膠袋包
好，放入冰箱冷藏 1 小時
鬆弛後，擀平成 0.3cm 厚
的平面，鋪入塔盤內，用
手按壓使其緊密貼合，多
餘塔皮用刮板切除。放入
170℃預熱好的烤箱，烤 10
分鐘。

5）烤好的塔皮內填入杏仁
奶油餡，放入 180℃預熱好
的烤箱，烤 15~20 分鐘；
鮮奶油打發成鮮奶油霜，
塗抹在烤過的杏仁奶油餡
表面。

6）葡萄、水蜜桃、蘋果、
奇異果等水果洗淨，擦乾水
分，裝飾在塔餡表面。

基礎蛋糕捲

上百貨公司的賣場購物時，看到某一區排
了長長人龍，心想是什麼新上市的東西造
成這樣的排隊盛況，靠近一看，原來是一
家蛋糕捲專賣店！這裡介紹家庭式基礎蛋
糕捲的製作方式。雖然自製蛋糕捲可能不
比專賣店賣的蛋糕捲更好吃，但是想吃的
時候不用排隊，馬上就可以自己做來解饞！

Cooking Tip

製作蛋糕用的雞蛋，請將蛋白和蛋黃分
開，蛋白放冰箱冷藏，蛋黃放在常溫下退
冰。因為蛋白在低溫狀態下打發的蛋白霜
較細緻堅實，夏天時，攪拌盆下方可以用
一盆冰塊，隔水冰鎮打發；蛋黃或全蛋則
是在常溫或微溫裝態下較容易打發，冬天
時，攪拌盆下方可以用溫水隔水加熱打
發。除此之外，打發蛋白用的工具上若殘
留油脂，會使蛋白無法打發，工具請務必
清洗乾淨並擦乾，再用來打發蛋白。

30x26cm
長方形淺烤盤 1 個
或 15x26cm
長方形淺烤盤 2 個
料理時間 40 分鐘

材料
雞蛋 5 顆
砂糖（A）65g
果糖 15g
鹽 3g
砂糖（B）55g

低筋麵粉 100g
泡打粉 5g
食用油 45g
草莓果醬 適量

替代食材
草莓果醬→各式果醬、鮮奶油

1）雞蛋的蛋白和蛋黃分開。蛋黃中加入砂糖（A）、果糖、鹽，用電動攪拌器打發至蛋黃顏色變淺。

2）蛋白用電動攪拌器打至起泡後，分次加入砂糖（B）打發成不會流動的蛋白霜。

3）低筋麵粉和泡打粉篩入步驟 1 中，翻拌均勻後；再將步驟 2 的蛋白霜分 2~3 次加入攪拌均勻後，加入食用油拌勻。

> 烘烤蛋糕時，烤箱一定要確實預熱到指定溫度，才能放入麵糊烘烤。

4）烤盤內鋪上烤盤紙，倒入麵糊，表面抹平後，覆蓋一張烤盤紙。

5）放入 170℃ 預熱好的烤箱，烤 15~20 分鐘。蛋糕充分冷卻後，撕掉烤盤紙。

6）用麵包刀切掉蛋糕表皮，均勻抹上草莓醬，捲成蛋糕捲。

抹茶蛋糕捲

剛開始學烘焙時,要購買很多工具,首先是電動攪拌器,再來是各種形狀的烤模、烤盤,之後還陸陸續續買了各種不同形狀、花色的擠花嘴和餅乾壓模等小工具。我認為烘焙時,每次都要將所有東西準備妥當才開始做,其實有點無趣。缺少什麼工具時,先別急著買,盡可能運用家裡現有的工具和物品,真的有必要的東西才購買。

30x26cm

長方形淺烤盤 1 個

或 15x26cm

長方形淺烤盤 2 個

料理時間 40 分鐘

材料

雞蛋 5 顆

砂糖（A）65g

果糖 15g

鹽 3g

砂糖（B）55g

低筋麵粉 100g

抹茶粉 15g

泡打粉 5g

食用油 45g

抹茶鮮奶油霜材料

鮮奶油 80g

砂糖 1 大匙

抹茶粉 1 大匙

1）雞蛋的蛋白和蛋黃分開。蛋黃中加入砂糖（A）、果糖、鹽，用電動攪拌器打發至蛋黃顏色變淺。

2）蛋白用電動攪拌器打至起泡後，分次加入砂糖（B）打發成不會流動的蛋白霜。

3）低筋麵粉、抹茶粉及泡打粉篩入步驟 1 中，翻拌均勻；再將步驟 2 的蛋白霜分 2~3 次加入翻拌均勻，加入食用油拌勻。

4）烤盤內鋪上烤盤紙，倒入麵糊，表面抹平；放入 170℃ 預熱好的烤箱，烤 15~20 分鐘。

5）蛋糕充分冷卻後，撕掉烤盤紙，用麵包刀切掉蛋糕表皮。

6）鮮奶油加砂糖，打發成鮮奶油霜後，加入抹茶粉拌勻；蛋糕均勻塗抹上抹茶鮮奶油霜，捲成蛋糕捲。

咖啡蛋糕捲

最近越來越少看到在咖啡色表皮上有千葉紋的古早味蛋糕捲了。我剛進烤箱公司上班時,第一個學的蛋糕捲就是千葉紋蛋糕捲,將濃縮咖啡拌入麵糊中,在烤盤上畫出縱向平行直線,用牙籤來回劃出交錯橫向平行線,製作出千葉紋,再烤成蛋糕,捲成蛋糕捲。烤好後紋路完整呈現,才算是成功的蛋糕捲。擔心紋路無法烤成功,就直接烤沒有紋路的咖啡蛋糕捲吧!

30x26cm
長方形淺烤盤 1 個
或 15x26cm
長方形淺烤盤 2 個
料理時間 60 分鐘

海綿蛋糕材料
雞蛋 5 顆
砂糖（A）65g
果糖 15g

鹽 3g
砂糖（B）55g
低筋麵粉 100g
泡打粉 5g
食用油 45g
熱水 1 小匙
即溶咖啡 1 小匙
葡萄乾 2 大匙
碎核桃 2 大匙
杏仁片 1 大匙

摩卡奶油霜材料
砂糖 40g
水 30g
果糖 10g
奶油 100g
蘭姆酒 10g
煉乳 20g
熱水 1 小匙
即溶咖啡 1 小匙

1）雞蛋的蛋白和蛋黃分開。蛋黃中加入砂糖（A）、果糖、鹽，用電動攪拌器打發至蛋黃顏色變淺。

2）蛋白用電動攪拌器打至起泡後，分次加入砂糖（B）打發成不會流動的蛋白霜。

3）低筋麵粉、泡打粉篩入步驟 1 中，翻拌均勻後；再將步驟 2 的蛋白霜分 2~3 次加入翻拌均勻，加入食用油拌勻。

用即溶咖啡調成濃咖啡液，也可以用義式濃縮咖啡替代。

4）即溶咖啡放入熱水中溶解後，與葡萄乾、核桃碎一起加入麵糊中輕輕拌勻。

5）烤盤內鋪上烤盤紙，倒入麵糊，表面抹平後，撒上杏仁片；放入 170℃ 預熱好的烤箱，烤 15~20 分鐘。

6）蛋糕充分冷卻後，撕掉烤盤紙，用麵包刀切掉蛋糕表皮；蛋糕均勻塗抹上摩卡奶油霜，捲成蛋糕捲。

聖誕節樹幹蛋糕

蛋糕捲 1 條
料理時間 30 分鐘

材料
基礎蛋糕捲 1 條
摩卡奶油霜 200g
聖誕裝飾物

Cooking Tip
基礎蛋糕捲做法請參考
P.202、摩卡奶油霜做法請
參考 P.207。

也可以直接買市
售的蛋糕捲回家
自己做裝飾。

1）蛋糕捲斜切 1/3，
垂直靠攏在原蛋糕捲
旁邊。

2）製作好摩卡奶油
霜，塗抹在蛋糕捲表
面。

3）用叉子劃出樹幹
的紋路。

4）擺上聖誕節裝飾
物。

韓式糯米蛋糕

直徑 20cm 圓形烤模
或派盤 1 個
料理時間 40 分鐘

材料
核桃 20g
碗豆（罐頭）80g
扁豆（罐頭）80g
糯米粉 2 又 1/2 杯
抹茶粉 2 小匙
泡打粉 1 小匙
砂糖 2 大匙
葡萄乾 20g
牛奶 1/2 杯 ~1/3 杯
橄欖油 少許

Cooking Tip
可將糯米泡軟，用果汁機打碎，以紗布過濾，取糯米渣製作糯米蛋糕。若使用市售的糯米粉則需要加入較多的牛奶，糯米糊才會變得比較軟。

1）核桃切碎；碗豆和扁豆從罐頭中取出，瀝乾水分。

2）糯米粉中加入綠茶粉、泡打粉、砂糖、葡萄乾、核桃、碗豆、扁豆拌勻後，分次倒入牛奶攪拌成濃度適當的糯米糊。

3）派盤或烤模內均勻塗抹橄欖油。

4）倒入糯米糊；放入 180℃ 預熱好的烤箱，烤 30 分鐘。

春之草莓蛋糕

鮮奶油霜加草莓,是蛋糕最簡單的裝飾,卻也是最絕配、最令大人小孩都喜愛的組合。即使海綿蛋糕上的鮮奶油霜無法塗抹得很平整,只要放上草莓,瞬間就變得很華麗的感覺,是適合春天甜蜜氛圍的春之草莓蛋糕。

Cooking Tip

草莓洗乾淨後,一定要用廚房紙巾完全擦乾草莓上的水分,不然殘留的水分接觸到鮮奶油霜會使鮮奶油霜分解。另外,草莓和薄荷也是很搭的組合,到花市看到新鮮的食用薄荷,可以買一盆回家裝飾你的草莓蛋糕。

直徑 20cm	海綿蛋糕材料	內餡與裝飾材料	替代食材
圓形烤模 1 個	雞蛋 3 顆	糖漿 2 匙	草莓→奇異果、
料理時間 40 分鐘	砂糖 100g	鮮奶油 250g	柳橙、藍莓、櫻桃
	果糖 10g	草莓 1 盒	
	低筋麵粉 100g	（10~15 顆左右）	
	食用油 1 大匙		
	牛奶 40g		

1）製作基底的海綿蛋糕。攪拌盆中放入雞蛋（全蛋），用電動攪拌器打發至蛋糊蓬鬆泛白，加入砂糖、果糖攪拌均勻。

2）低筋麵粉篩入步驟 1 中，用刮刀輕柔地翻拌均勻後，加入食用油及牛奶拌勻。

3）圓形烤模中鋪上烤盤紙，倒入麵糊，烤模底部在桌上輕敲幾下震出氣泡，用刮板刮平麵糊表面，放入 180℃ 預熱好的烤箱，烤 25~30 分鐘。

4）海綿蛋糕脫模冷卻後，切除表皮，橫切成 3 等份，每片厚約 0.7cm。

5）每片海綿蛋糕的雙面都均勻刷上糖漿；鮮奶油打發成不會流動的鮮奶油霜。

6）草莓切成薄片；基底蛋糕上塗抹鮮奶油霜，均勻鋪上草莓片，再疊上一塊基底蛋糕，重複上述步驟，蓋上最後一片基底蛋糕，在蛋糕外層塗抹鮮奶油霜，剩下的鮮奶油霜裝入擠花袋中，在蛋糕上做裝飾，再放上草莓點綴。

夏之蜜桃蛋糕

以前我在烤箱公司上班，一邊教授烤箱料理課程，最受歡迎的食譜就是蛋糕。
看見自己也能做出媲美蛋糕店的蛋糕時，那種無與倫比的喜悅，不管是誰，一
定都會感到滿足。家人的生日、紀念日、或是任何值得慶祝的日子，親自烤一
個蛋糕吧！

Cooking Tip

海綿蛋糕烤好取出後，請脫
模放在冷卻網上，充分降
溫。不脫模繼續放在烤模，
不僅無法確實降溫，蛋糕也
容易變形。

直徑 20cm
圓形烤模 1 個
料理時間 40 分鐘

海綿蛋糕材料
雞蛋 3 顆
砂糖 100g
果糖 10g
低筋麵粉 100 g
食用油 1 大匙
牛奶 40g

內餡與裝飾材料
糖漿 2 大匙
鮮奶油 250g
黃桃 2 顆

替代食材
黃桃→奇異果、芒果

1）製作基底的海綿蛋糕。攪拌盆中放入雞蛋（全蛋），用電動攪拌器打發至蛋糊蓬鬆泛白後，加入砂糖、果糖攪拌均勻。

2）低筋麵粉篩入步驟 1 中，用刮刀輕柔地翻拌均勻，加入食用油和牛奶拌勻。

3）圓形烤模中鋪上烤盤紙，倒入麵糊後，烤模底部在桌上輕敲幾下震出氣泡，用刮板刮平麵糊表面，放入 180℃ 預熱好的烤箱，烤 25~30 分鐘。

4）海綿蛋糕脫模冷卻後，切除表皮，橫切成 3 等份，每片厚約 0.7cm。

5）每片海綿蛋糕的雙面都均勻刷上糖漿；鮮奶油打發成不會流動的鮮奶油霜。

6）在蛋糕外層平整地塗抹上鮮奶油霜，放上黃桃裝飾。

秋之南瓜蛋糕

一個人烤蛋糕，事前準備工作一定要做確實，
才不會臨時手忙腳亂。例如：打發好蛋液拌
成麵糊後，才發現烤模內忘記鋪烤盤紙；或
是忘記預熱烤箱，等到烤箱預熱好後，打發
好的泡沫都消散掉了。為了不讓烤蛋糕時手
忙腳亂，請先檢查事前準備工作是否確實完
成。

Cooking Tip

拌入鮮奶油霜中的南瓜泥，
如果水分過多，用烤箱稍微
加熱，使水分蒸發後再壓成
泥使用。南瓜水分太少的
話，撒一些水，蒸軟一些，
再壓成泥與鮮奶油霜拌勻。

直徑 20cm
圓形烤模 1 個
料理時間 40 分鐘

海綿蛋糕材料
雞蛋 3 顆
砂糖 100g
果糖 10g
低筋麵粉 100 g
食用油 1 大匙
牛奶 40g

內餡與裝飾材料
南瓜 1/4 顆
鮮奶油 250g
糖漿 2 匙

替代食材
南瓜→紅棗煮熟後
壓成泥、紅柿

1）製作基底的海綿蛋糕。攪拌盆中放入雞蛋（全蛋），用電動攪拌器打發至蛋糕蓬鬆泛白後，加入砂糖、果糖攪拌均勻。

2）低筋麵粉篩入步驟 1 中，用刮刀輕柔地翻拌均勻後，加入食用油和牛奶拌勻。

3）圓形烤模中鋪上烤盤紙，倒入麵糊，烤模底部在桌上輕敲幾下震出氣泡，用刮板刮平麵糊表面，放入 180℃ 預熱好的烤箱，烤 25~30 分鐘。

4）海綿蛋糕冷卻後，切除表皮，橫切成 3 等份，每片厚約 0.7cm。

5）南瓜放入蒸籠中蒸熟後，一部分切片留待最後裝飾用，其餘的南瓜切掉外皮，用濾網過篩，壓成細緻的南瓜泥；鮮奶油打發成霜，與南瓜泥一起拌勻。

6）海綿蛋糕均勻刷上糖漿，在蛋糕外層塗抹南瓜鮮奶油霜，插上南瓜片裝飾。

冬之紅豆蛋糕

紅豆對韓國人來說是具有特別意義的食材。韓國人認為冬至吃紅豆粥，可以去除厄運，獲得祝福，迎接嶄新的一年。搬家的時候，要製作紅豆年糕分送給鄰居。紅豆除了煮紅豆湯、做紅豆年糕外，也很適合拿來做蛋糕。紅豆口味的蛋糕廣受大人喜愛，可以在父母生日時親手做給他們品嘗。

Cooking Tip
到烘焙材料行買有顆粒的紅豆餡使用，請加入少許牛奶攪拌成糊狀使用。

直徑 20cm
圓形烤模 1 個
料理時間 60 分鐘

紅豆醬材料
市售蜜紅豆 2 杯
水 1 杯

紅豆鮮奶油霜材料
鮮奶油 200g
砂糖 30g
紅豆醬 200g

海綿蛋糕材料
雞蛋 3 顆
砂糖 100g
果糖 10g
低筋麵粉 100 g
食用油 1 大匙
牛奶 40g

內餡材料
糖漿 2 匙

替代食材
市售蜜紅豆→烘焙用顆
粒紅豆餡

1）製作紅豆醬。鍋子中放入市售蜜紅豆和水 1 杯，熬煮 10 分鐘後，過篩保留紅豆顆粒及豆沙，濾掉多餘湯汁，放涼備用。

2）製作紅豆鮮奶油霜。攪拌盆中放入鮮奶油、砂糖，打發成鮮奶油霜，加入步驟 1 的紅豆醬，拌勻成為紅豆鮮奶油霜。

3）製作海綿蛋糕。攪拌盆中放入雞蛋（全蛋），用電動攪拌器打發至蛋糕蓬鬆泛白後，加入砂糖、果糖拌勻；篩入低筋麵粉，用刮刀輕柔翻拌均勻。

4）食用油和牛奶加入步驟 3 中攪拌均勻。

5）圓形烤模中鋪上烤盤紙，倒入麵糊，烤模底部在桌上輕敲幾下震出氣泡，用刮板刮平麵糊表面，放入 180℃預熱好的烤箱，烤 25~30 分鐘；蛋糕冷卻後脫模，切除表皮，橫切成 3 等份，每片厚約 0.7cm。

6）海綿蛋糕均勻刷上糖漿，在蛋糕外層平整地塗抹上紅豆鮮奶油霜裝飾。

卡士達泡芙

泡芙是只有烤箱做得出來的食物，平底鍋、煮鍋、蒸籠都等各種烹調器具都沒辦法製作。雖然泡芙的原料很簡單，但是失敗率卻很高。我第一次學做泡芙，覺得很新奇，回家後自己烤了很多泡芙，也失敗好幾次，才終於讓我摸索出訣竅。第一次嘗試做泡芙的人，即使做失敗也別失望，再重新挑戰一次吧！

Cooking Tip

製作泡芙麵糊時，可以用木勺測試，拿起木勺，末端殘留的麵糊呈現三角形，就表示濃度剛剛好。雞蛋放太多的話，麵糊會很濃稠，不太能膨脹，口感會變得濕潤不酥脆。

30~35 個
料理時間 40 分鐘

泡芙材料
水 125g
奶油 100g
低筋麵粉 100g
雞蛋 3~4 顆
鹽 少許

卡士達醬材料
牛奶 250g
砂糖（A）30g
香草莢 1/5 根
蛋黃 50g

砂糖（B）30g
低筋麵粉 10g
太白粉 10g
融化奶油 10g

卡士達醬

1）製作卡士達醬：鍋中放入牛奶、砂糖（A）、香草籽加熱。

2）蛋黃和砂糖（B）拌勻後，倒入步驟 1 中拌勻。篩入低筋麵粉和太白粉攪拌，倒入融化奶油拌勻，冷卻後放入冰箱冷藏。

1）製作泡芙麵糊：鍋中放入水 125g、奶油，開火煮至奶油融化，篩入低筋麵粉，用木勺攪拌成麵團後關火。

2）麵團倒入攪拌盆，雞蛋打成蛋液，分次加入麵糊中，攪拌成滑順麵糊。

3）麵糊裝入擠花袋，在烤盤上擠出相同大小的麵糊，麵糊間保持間距。

4）用噴水壺在麵糊表面灑水；放入 180℃ 預熱好的烤箱，烤 20~25 分鐘。

5）烤好的泡芙剖開，填入卡士達醬。

巧克力泡芙

以前有部知名韓劇的女主角金三順在劇中做的結婚蛋糕，就是用泡芙堆疊而成的法式泡芙塔（Croque en bouche）。在法國，泡芙塔是婚禮、成年禮等儀式中會出現的甜點。你也可以自己用巧克力泡芙，嘗試做做看泡芙塔。

Cooking Tip

泡芙麵糊擠到烤盤上時，每個麵糊的大小要一致，才不會受熱不均勻。另外，烤好的泡芙餅皮冷卻後，請放到冷凍庫保存，要吃的時候再拿出來，填入卡土達醬或巧克力醬。

30~35 個
料理時間 60 分鐘

巧克力泡芙材料
低筋麵粉 100g
可可粉 10g
水 100g
牛奶 100g
奶油 90g
鹽 1g
雞蛋 4 顆

巧克力醬材料
黑巧克力磚 50g
卡士達粉 1/4 杯
牛奶 1 杯

1) 低筋麵粉和可可粉混合，過篩備用。

2) 鍋子中放入水、牛奶、奶油、鹽，開火煮至奶油完全融化，倒入低筋麵粉和可可粉，攪拌成團後關火。

3) 麵團倒入攪拌盆，分次加入蛋液，用打蛋器攪拌，使蛋液充分融入麵糊中。

4) 烤盤內鋪上烤盤紙，擠上麵糊，麵糊間請保持間距；用噴水壺在麵糊表面灑水，放入 180℃ 預熱好的烤箱，烤 20~25 分鐘。

5) 黑巧克力磚切小塊，隔水加熱融化；卡士達粉中加入牛奶拌勻，再倒入融化的黑巧克力中拌勻，製成巧克力醬。

6) 泡芙烤好後，放涼，注入巧克力醬。

沙拉泡芙

泡芙（Chou）在法文中是高麗菜的意思。除了放卡士達醬、巧克力醬，也可改放沙拉做成小巧的鹹點，或是放入冰淇淋變成冰淇淋泡芙。

Cooking Tip
沙拉泡芙中，可以放入各式各樣的蔬菜或鮪魚、鮭魚等罐頭食材。

30~35 個
料理時間 40 分鐘

主材料
小黃瓜 1/4 根
青椒 1/4 顆
胡蘿蔔 少許
玉米粒（罐頭）1/2 杯
葡萄乾 2 匙
美乃滋 3 匙
鹽、胡椒粉 少許

泡芙材料
水 125g
奶油 100g
低筋麵粉 100g
雞蛋 3~4 顆
鹽 少許

替代食材
青椒→甜椒

1）製作泡芙麵糊：鍋中放入水 125g、奶油，開火後煮至奶油融化，篩入低筋麵粉，用木勺攪拌成麵團後關火。

2）麵團倒入攪拌盆，雞蛋打成蛋液，分次加入麵糊中，使蛋液完全融入麵糊中。

3）麵糊裝入擠花袋，在烤盤上擠出相同大小的麵糊，麵糊間保持間距。

4）用噴水壺在麵糊表面灑水；放入 180℃ 預熱好的烤箱，烤 20~25 分鐘。

5）小黃瓜、青椒、胡蘿蔔切成和玉米粒一樣的大小，加入玉米粒、葡萄乾、美乃滋拌勻後，撒上少許鹽和胡椒粉調味。

6）泡芙上橫切出開口，填入步驟 5。

白土司

如果土司也有像羊奶每日新鮮配送，每天配送早上剛現烤的土司，我一定會第一個跑去申請，因為土司就像我們吃的白飯一樣，每天吃也不會膩。試著自己做土司，用愉悅的心情等待美味的土司出爐吧！

Cooking Tip

麵團進行一次發酵時，攪拌盆下方可用溫水隔水保溫，使其更順利發酵。但是要注意水不能太燙，否則會直接燙熟麵團，無法達到發酵的效果。冬天時，如果發酵過程中，水變冷的話，請記得辛勤更換溫水，保持溫度。若家裡的烤箱有發酵功能，直接用烤箱進行發酵即可。

土司烤模 1 個
料理時間 60 分鐘
（不含發酵時間）

材料

高筋麵粉 375g
即溶酵母 2 又 1/2 小匙
砂糖 3 大匙
鹽 1 又 1/2 小匙

牛奶 280g
奶油 30g
食用油 少許

用剩的即溶酵母
請裝入密封容器，
放置在陰涼處或
冷凍庫保存。

1）高筋麵粉過篩，加入即溶酵母、砂糖、鹽混和均勻。

2）牛奶加熱，加入步驟 1 中搓揉成團後，放入奶油，用手持續搓揉約 10 分鐘，使麵筋生成，成為表面光滑的麵團。

3）麵團放置在攪拌盆中，棉布浸濕後擰乾，覆蓋在攪拌盆上，放入烤箱使用發酵功能約 40 分鐘，進行一次發酵。

4）用拳頭按壓一次發酵完成的麵團排氣後，分成 3 等份搓圓，蓋上濕棉布，放常溫下靜置 15 分鐘，進行中間發酵。

5）中間發酵完成的麵團，分別擀成長條狀，再捲起來。

6）土司烤模中塗抹食用油，排放入麵團，使用烤箱的發酵功能或放在溫暖處，靜置 40 分鐘，進行最後發酵；放入 180℃ 預熱好的烤箱，烤 30~35 分鐘。

乳酪蔥花土司

如果把白土司比喻為白飯，乳酪蔥花土司就像是偶爾會想吃一次的八寶飯了。乳酪蔥花土司中的乳酪和蔥，可以依個人喜好變換成栗子、地瓜或南瓜。

Cooking Tip

發酵麵團時，請用濕棉布或保鮮膜覆蓋，麵團表面才不會乾掉。濕棉布浸濕後一定要擰乾，過濕或過重的棉布會影響麵團的發酵成果。

土司模 1 個
料理時間 60 分鐘
（不含發酵時間）

材料
高筋麵粉 375g
即溶酵母 2 又 1/2 小匙
砂糖 3 大匙
鹽 1 又 1/2 小匙

牛奶 280g
奶油 30g
乳酪片 2 片
蔥 4 根

替代食材
蔥→胡蘿蔔、
青椒、洋蔥

1）高筋麵粉過篩，加入即
溶酵母、砂糖、鹽混和均
勻。

2）牛奶加熱，加入步驟 1
中，搓揉成團後，放入奶
油，用手持續搓揉約 10 分
鐘，使麵筋生成，成為表面
光滑的麵團。

3）麵團放置在攪拌盆中，
覆蓋濕棉布，放入烤箱，使
用發酵功能約 40 分鐘，進
行一次發酵後，按壓麵團排
氣，搓圓，蓋上濕棉布，放
常溫下靜置 15 分鐘，進行
中間發酵。

4）乳酪片切小塊；蔥切成
蔥花；麵團擀開呈長方形，
撒上乳酪和蔥花。

5）土司烤模內塗上食用油；
麵團捲成條狀，放入烤模
中，用烤箱的發酵功能或是
放在室內溫暖處，靜置 40
分鐘，進行最後發酵；放
入 180℃預熱好的烤箱，烤
30~35 分鐘。

餐包

麵包店的早晨開始得很早，因為麵包揉麵和發酵的過程需要很長的時間。餐包與土司的差別在於餐包將麵團分成小團後，要花更多的人力和時間將每個麵團的中間發酵、排氣，搓圓、最後發酵步驟做完，所以餐包的價格會比土司來得貴。在家做的餐包要訂多少錢呢？

Cooking Tip

一次發酵的麵團，如果搓揉太久，空氣跑光的話，麵團會變得很韌。可以用刮板將一次發酵好的麵團切成適當大小，搓圓，直接進行中間發酵。

15~20 個
料理時間 60 分鐘
（不含發酵時間）

主材料
高筋麵粉 270g
奶粉 1 大匙
即溶酵母 2 小匙
砂糖 1 大匙
鹽 1 小匙
雞蛋 1 顆
溫水 170g
奶油 30g

蛋液材料
雞蛋 1/2 顆
牛奶 1/2 杯

替代食材
即溶酵母→新鮮酵母

1）高筋麵粉和奶粉過篩，加入即溶酵母、砂糖、鹽混和均勻。

2）牛奶和溫水加入步驟 1 中，搓揉成團。

3）分次放入奶油，用手持續搓揉約 10 分鐘，使麵筋生成，成為表面光滑的麵團；覆蓋濕棉布，放入烤箱使用發酵功能約 40 分鐘，進行一次發酵。

麵團切成固定大小後，請用手搓揉成圓形。

4）麵團分成每個約 30g 的小團，蓋上濕棉布，放常溫下靜置 15 分鐘，進行中間發酵。

5）發酵好的麵團重新搓圓，放入烤盤中，蓋上濕棉布，進行最後發酵 40 分鐘，雞蛋與牛奶拌勻，均勻塗抹在麵團上。

6）放入 180℃預熱好的烤箱，烤 15 分鐘。

佛卡夏麵包

現在市面上預拌粉和冷凍麵團的種類多樣，好好運用的話，可以節省許多採買烘焙材料和製作的時間，也能做出屬於你自己的麵包。

Cooking Tip

一次發酵的麵團，如果搓揉太久，空氣跑光的話，麵團會變得很韌。可以用刮板將一次發酵好的麵團切成適當大小，搓圓，直接進行中間發酵。

28x28cm
正方形淺烤盤 1 個
料理時間 60 分鐘

材料
土司預拌粉 1 包　粗鹽 少許
溫水 1 杯　　　番茄 1/2 顆
橄欖油 1/5 杯　洋蔥 1/4 顆
橄欖油 適量　　黑橄欖 5 顆

麵團一次發酵完成時，體積大約是未發酵前的 2 倍。

1）土司預拌粉中加入溫水混和後，再加入橄欖油 1/5 杯，持續搓揉成麵團。

2）攪拌盆用保鮮膜或濕棉布覆蓋，溫度維持 40℃ 左右，進行 30~40 分鐘的一次發酵。

3）正方形烤模內塗上食用油；按壓麵團，使麵團平鋪、服貼於烤模中；蓋上保鮮膜，溫度維持 40℃ 左右，進行 20 分鐘的最後發酵。

4）麵團表面塗上少許橄欖油，撒上少許粗鹽；洋蔥切絲，黑橄欖切成圓片，番茄切小片，鋪在麵團上。

5）放入 180℃ 預熱好的烤箱，烤 15~20 分鐘。

Special Recipes

運用烤箱多功能製作的
特別料理 × 23 道

烤箱才華洋溢又令人喜愛，

有空時，不妨將家用烤箱潛藏的功能統統都試試吧！

狹窄的廚房無法容納各式各樣的廚房家電和用品，

就更凸顯烤箱的多樣功能有多麼難能可貴了。

烘乾功能可以烘乾蔬菜、水果、肉乾；

發酵功能可以發酵麵包、製作優格、韓國甜米露、韓國清麴醬；

蒸烤功能適合烘烤醬料多的韓式烤肉。

除此之外，烤箱也可以製作不用油鍋炸的油炸料理！

1）節瓜、茄子切片；蘿蔔切成條狀；菇類切成片狀或直接用手撕成細絲。

每種蔬菜和菇類所需的乾燥時間不盡相同，菇類約 2 小時、節瓜 4 小時、茄子 4 小時、蘿蔔 4 小時。

2）蔬菜和菇類平鋪在烤架上，放入烤箱，用烘乾功能乾燥。

健康
乾燥蔬菜

料理時間 25 分鐘

材料

節瓜、茄子、蘿蔔 適量

各種菇類 適量

Cooking Tip

烤箱的烘乾功能將烤箱的溫度維持在 60℃ 左右，若用更高的溫度乾燥，食物可能會直接烤熟，無法達到乾燥的效果。烘乾好的食物冷卻後，請放入密封容器保存。

炒節瓜乾

2 人份
料理時間 10 分鐘

材料
節瓜乾 20g
香油 1 匙
鹽和胡椒粉 少許

1）節瓜乾泡水軟化後，瀝乾水分。
2）平底鍋熱鍋後，倒入香油、節瓜乾，用中火拌炒 3 分鐘，撒上少許鹽巴及胡椒粉調味。

蘿蔔乾拌菜

2 人份
料理時間 10 分鐘

材料
乾燥蘿蔔絲 50g
蔥 5 根

調味材料
醬油 1 匙・韓國辣椒粉 2 匙・韓國辣椒醬 1 匙・白芝麻 1 匙・果糖 2 匙・料理酒 1 匙・香油少許

1）乾燥蘿蔔乾浸泡在水中，搓揉洗淨後，擰乾水分備用。
2）泡軟的乾燥蘿蔔絲中，加入醬油 1 匙、辣椒粉 2 匙、辣椒醬 1 匙、白芝麻 1 匙、果糖 2 匙、料理酒 1匙、香油少許拌勻。

紅燒茄子乾

2 人份
料理時間 10 分鐘

材料
乾燥茄子 20g
香油 1 匙

調味材料
醬油 1 匙・果糖 1 匙・水 3 匙

1）乾燥茄子在水中浸泡 5 分鐘，泡軟。
2）平底鍋熱鍋後，放入香油、泡軟的茄子乾稍微拌炒後，加入醬油 1 匙、果糖 1 匙、水 3 匙，以中火拌炒 5 分鐘。

蘋果乾 & 辣拌蘋果乾

蘋果乾

2 人份

料理時間 25 分鐘

材料

蘋果 1 顆

水 1 杯

砂糖 1 匙

辣拌蘋果乾

主材料

蘋果乾 20g

調味材料

韓國辣椒粉 0.3 匙

魚露 0.3 匙

果糖 0.7 匙

芝麻 0.3 匙

砂糖 0.3 匙

鹽 少許

蘋果乾

1）蘋果連皮刨成薄片；水 1 杯、砂糖 1 匙拌勻調成糖水；蘋果片放入糖水中浸泡 1 分鐘後，瀝乾水分。

2）蘋果片平鋪在烤架上，放入烤箱，用烘乾功能乾燥。

辣拌蘋果乾

1）辣椒粉 0.3 匙、魚露 0.3 匙、果糖 0.7 匙、芝麻 0.3 匙、砂糖 0.3 匙、鹽少許，混合。

2）攪拌盆中放入蘋果乾及混和好的調味料拌勻，攪拌時請輕柔，盡量不要弄碎蘋果片。

橡子涼粉乾

4 人份

料理時間 25 分鐘

材料

韓國橡子涼粉 1 盒

炒橡子涼粉乾

2 人份

料理時間 20 分鐘

主材料

橡子涼粉乾 30g

糯米椒 30g

食用油 適量

調味材料

醬油 1.5 匙

果糖 0.5 匙

香油、芝麻鹽 少許

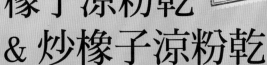

橡子涼粉乾
& 炒橡子涼粉乾

食物乾燥功能

橡子涼粉
可用綠豆涼粉
替代。

橡子涼粉乾

1）橡子涼粉切片，平鋪在烤架上。

2）放入烤箱，用烘乾功能乾燥。

炒橡子涼粉乾

1）橡子涼粉乾用水浸泡 10 分鐘軟化後瀝乾；糯米椒去蒂頭，斜切成兩段。平底鍋倒入食用油，放入泡軟的橡子涼粉拌炒。

2）炒至橡子涼粉乾軟化，加入醬油 1.5 匙、果糖 0.5 匙、香油及芝麻鹽少許，炒至調味料微微收乾，放入糯米椒再炒 3 分鐘後起鍋。

牛肉乾 食物乾燥功能

4 人份
料理時間 20 分鐘
（烘乾時間 3~4 小時）

主材料
牛肉（菲力牛、牛臀肉）
600g

調味材料
醬油 4 匙
砂糖 1 匙
果糖 1 匙
清酒 1 匙
辣椒粉 0.3 匙
香油 2 匙
蒜汁 1 匙

到肉攤購買牛肉時，請店家幫忙切成薄片。

1）選用牛腰脊或牛臀肉等油脂較少的部位，切成薄片。

2）醬油 4 匙、砂糖 1 匙、果糖 1 匙、清酒 1 匙、辣椒粉 0.3 匙、香油 2 匙、蒜汁 1 匙拌勻。

3）牛肉用醬料醃漬入味。

4）牛肉一張一張攤開來平鋪在烤架上，放入烤箱，使用烘乾功能，乾燥至肉脫水卻不會乾柴的程度。

韓國
南瓜甜米露

發酵功能

10 人份

料理時間 40 分鐘
（發酵時間 6 小時）

材料

韓國粗磨麥芽粉 250g

水 20 杯

南瓜 1/3 顆

冷飯 1 碗

砂糖 1 杯

薑 少許

也可以使用甜米露專用的速溶麥芽粉。

甜米露發酵所需溫度約 60℃，時間 5~6 小時。

1）麥芽粉用 10 杯水浸泡 20 分鐘後，用手搓揉，過濾留下麥芽水，再將 10 杯水倒入浸泡過的麥芽粉中，再次搓揉，過濾留下麥芽水；麥芽水靜置，讓雜質沉澱。

2）南瓜去皮，放入 250℃的烤箱，烤20~25 分鐘，或用微波爐加熱 5 分鐘，煮熟後壓成泥。

3）沉澱過的麥芽水只保留上方清澈的麥芽水，倒入攪拌盆，加入南瓜泥及冷飯拌勻，放入烤箱，使用發酵功能。

4）經過 6 小時發酵，有飯粒漂浮至表面即可從烤箱中取出；麥芽水倒入鍋中煮滾後，加入砂糖和少許薑片再煮 3 分鐘。

自製優格

發酵功能

8 人份
料理時間 25 分鐘
（發酵時間 4 小時）

材料
牛奶 1L
優格 1 杯（180g）

Cooking Tip
使用冰牛奶，需要花更多
時間將溫度加熱至發酵所
需的 40℃，會拉長優格的
製作時間。

1）牛奶放入微波爐
加熱 2 分鐘。

2）牛奶中加入優格
拌勻，放入烤箱，使
用發酵功能進行發
酵。

Special Recipe
用自製優格做兩道菜

優格醬 & 沙拉
生菜撒上堅果，淋上自
製優格。優格可依據個
人喜好加入檸檬汁、
醋、黃芥末或蜂蜜調
味。

優格烤蝦
蝦子去殼，與咖哩粉和
優格拌勻，靜置 10 分
鐘醃入味；放入烤箱烤
熟後，撒上洋香菜葉。

辣醬烤鯖魚

2 人份
料理時間 25 分鐘

主材料
鯖魚 1 隻
蔥（蔥白部分）1 根

辣味烤醬材料
韓國辣椒醬 2 匙
韓國辣椒粉 1 匙
醬油 1 匙
料理酒 1 匙
砂糖 0.3 匙
蒜泥 0.5 匙
薑粉 少許
胡椒粉 少許

1）鯖魚洗淨，用廚房紙巾擦乾水分，魚皮表面劃上數刀。

2）烤盤內鋪上廚房紙巾，紙巾充分噴濕；放上烤架和鯖魚，放入 230℃預熱好的烤箱，烤 10 分鐘。

3）辣椒醬 2 匙、辣椒粉 1 匙、醬油 1 匙、料理酒 1 匙、砂糖 0.3 匙、蒜泥 0.5 匙、薑粉及胡椒粉少許拌勻後，塗抹在鯖魚表面，放入 200℃的烤箱，續烤 5~8 分鐘後，取出裝盤。

4）蔥只用蔥白部分，切絲，撒在烤好的鯖魚上。

辣醬烤黃太魚乾

2 人份
料理時間 25 分鐘

主材料
黃太魚乾 1 隻
蔥花 1 匙
芝麻 少許

辣味烤醬材料
韓國辣椒醬 1.5 匙
韓國辣椒粉 0.5 匙
醬油 1 匙
砂糖 1 匙
果糖 0.5 匙
蒜泥 1 匙
薑汁 少許
清酒、香油 0.5 匙

Cooking Tip
蒸烤箱會釋放高溫水蒸氣，被食物快速吸收，可使食物外皮酥脆，裡面軟嫩。辣醬烤黃太魚乾這種濃厚辣醬較易烤焦，家裡有蒸烤箱請多利用，烤出來的成品外面不烤焦，裡面熟得恰到好處。

黃太魚肉在水中浸泡過久，肉質會散掉。

1）黃太魚乾洗淨，去掉魚頭和魚鰭，魚皮朝下浸泡 10 分鐘使其軟化。

2）辣椒醬 1.5 匙、辣椒粉 0.5 匙、醬油 1 匙、砂糖 1 匙、果糖 0.5 匙、蒜泥 1 匙、薑汁少許、清酒 0.5 匙、香油 0.5 匙拌勻。

3）浸泡好的黃太魚乾擦乾，魚皮表面劃上數刀，切成三段，兩面均勻塗抹辣烤醬。

4）烤盤內鋪上鋁箔紙，放入抹好烤醬的黃太魚乾；放入 200℃的烤箱，烤 10 分鐘後，取出盛盤，撒上蔥花和芝麻。

2 人份
料理時間 25 分鐘

材料
高麗菜 1/6 顆
青花菜 1/4 顆
甜椒 1/2 顆

替代食材
青花菜→花椰菜

Cooking Tip
沒有蒸烤箱的話，可以
在裝有蔬菜的烤盤中放
入一些水，蓋上鋁箔紙，
放入 180℃ 預熱好的烤
箱，烤 20 分鐘，至蔬菜
烤熟。

蒸烤蔬菜

蒸烤功能

1）高麗菜、青花菜、
甜椒切大塊。

2）蔬菜平鋪在烤盤
上，放入 180℃ 的蒸
烤箱，烤 20 分鐘。

蒸烤魚 & 蒸烤花蟹

蒸烤功能

2 人份
料理時間 25 分鐘

蒸烤魚
材料
魚 1 隻

調味材料
醬油 2 匙
韓國辣椒粉 0.5 匙
芝麻鹽 少許
蔥花 少許

蒸烤花蟹
材料
花蟹 2 隻
泰式辣椒醬 少許

蒸烤花蟹或蝦子之類的海鮮時，搭配醋辣醬、泰式辣椒醬或甜辣醬都很適合。

蒸烤魚

1）魚去鱗，內在洗淨，表皮劃上數刀；烤盤內鋪上烤盤紙或鋁箔紙，放上烤架和魚，放入 160℃的蒸烤箱，烤 15~20 分鐘後，取出裝盤。

2）醬油 2 匙、辣椒粉 0.5 匙、芝麻鹽及蔥花少許拌勻後，淋在烤好的魚上。

蒸烤花蟹

1）用刷子將花蟹外殼洗刷乾淨。

2）花蟹放在烤盤上，放入 180℃的蒸烤箱，烤 20 分鐘，取出裝盤，搭配泰式辣椒醬一起食用。

2 人份
料理時間 10 分鐘

材料
魷魚乾 1 隻
魚脯 1 片

Cooking Tip
魷魚乾和魚脯的沾醬可
以用美乃滋加山葵醬，
或是美乃滋加韓國辣椒
醬拌勻後，搭配食用。

烤魷魚乾
& 烤魚脯

魷魚乾和魚脯放
置在烤架上。

1）魷魚乾和魚脯用
水洗刷乾淨。

2）放入 250℃ 預熱
好的烤箱，烤 3~5 分
鐘。

炸魷魚圈

氣炸功能

2 人份
料理時間 25 分鐘

材料
魷魚 1 隻
鹽、胡椒粉 少許
杏仁片 1/2 杯
蛋白 1 顆量

Cooking Tip
蛋白與杏仁分離的話，杏仁會結成團。撒杏仁片時，不要一次全部倒上去，一點一點撒在蛋白液上，使杏仁片確實沾附在魷魚上。

1）魷魚去膜，切成1cm 寬的魷魚圈，撒上鹽和胡椒粉調味。

2）杏仁片放入塑膠袋中，稍微敲碎。

3）魷魚圈上塗滿蛋白液，敲碎的杏仁片均勻撒在魷魚圈表面。

4）烤盤內鋪上烤盤紙，放上魷魚圈，放入 200℃的烤箱，烤10 分鐘，至表面金黃酥脆。

炸豬排

氣炸功能

2 人份
料理時間 30 分鐘

主材料
豬小里肌（腰內肉）1/2 塊
咖哩粉 2 匙
鹽、胡椒粉 少許
麵粉 1/2 杯
雞蛋 2 顆

麵包粉調味材料
麵包粉 1 又 1/2 杯
食用油 1/4 杯

烤好的豬排可以搭配番茄醬、豬排醬或咖哩一起享用。

1）豬小里肌切成每塊 1cm 厚的豬排，用刀背拍鬆纖維，撒上咖哩粉、鹽及胡椒粉調味。

2）麵包粉中加入食用油攪拌均勻。

3）豬排兩面裹上麵粉，沾蛋液，再均勻包裹麵包粉。

4）豬排放置在烤架上，放入 250℃ 的烤箱，烤 15~20 分鐘，至表面金黃酥脆。

炸洋蔥圈

內層較小的洋蔥圈可以用來煮湯或是炒菜。

2 人份
料理時間 25 分鐘

材料
洋蔥 1 顆
紐澳良綜合香料粉 2 匙
酥炸粉 3 匙
雞蛋 1 顆
麵包粉 1 杯
食用油 1/4 杯
食用油 少許

1）洋蔥切成 1cm 寬的洋蔥圈，只用外層較大的部分。

2）紐澳良綜合香料粉、酥炸粉混合；雞蛋打散成蛋液。

3）麵包粉中倒入食用油 1/4 杯拌勻；洋蔥依序裹上香料酥炸粉、蛋液、麵包粉。

4）洋蔥平鋪在烤架上，用噴霧罐撒上少許食用油；放入 230℃ 預熱好的烤箱，烤 10 分鐘，至表面金黃酥脆。

椰絲蝦球

2 人份
料理時間 25 分鐘

材料
蝦子 8 隻
鹽、胡椒粉 少許
雞蛋 1 顆
麵粉 2 匙
椰子絲 1 杯
泰式辣椒醬 適量

Cooking Tip
吃剩的炸物，用烤箱烤過可以變得更美味。炸物放在烤架上，放入 230℃預熱好的烤箱，烤 10~12 分鐘即可。

1）蝦子去殼，但保留尾巴部分，撒上鹽和胡椒粉調味。

2）雞蛋和麵粉拌勻後，蝦子裹上麵糊。

3）沾有麵糊的蝦子裹上椰子絲。

4）烤盤內鋪上烤盤紙，放上蝦子，放入 200℃的烤箱，烤 10 分鐘，至表面金黃酥脆，搭配泰式辣椒醬一起食用。

脆皮炸雞沙拉

2 人份
料理時間 25 分鐘

主材料
雞柳 8 條
鹽、香蒜粉、胡椒粉 少許
麵粉 2 匙
雞蛋 1 顆

麵包粉調味材料
麵包粉 1 杯
烤過的花生碎 2 匙
洋香菜葉 0.5 匙
食用油 4 匙

沙拉材料
卡啦炸雞 4 塊
水煮蛋 1 顆
生菜 1 把
市售沙拉醬 適量

不想用市售沙拉醬，也可以用家裡現有的橄欖油、醬油、醋、砂糖調成自己喜歡的味道當作沙拉醬。

1）雞柳撒上鹽、香蒜粉、胡椒粉調味；麵包粉加入烤過的花生碎、洋香菜葉攪拌後，再加入食用油拌勻。

2）麵粉和雞蛋拌勻，雞柳裹上麵糊，沾上麵包粉。

3）雞柳放在烤架上，放入 230℃ 的烤箱，烤 10~15 分鐘。完成的卡啦炸雞切成適口大小。

4）生菜和水煮蛋切成適口大小，放上烤好的卡啦炸雞，搭配市售沙拉醬一起享用。

烤箱料理所需溫度和時間索引

感謝您購買 ─────────────────────

烤箱出好菜 172道家常飯菜‧極品料理‧人氣烘焙‧特殊風味，運用烤箱多功能輕鬆上菜

為了提供您更多的讀書樂趣，請費心填妥下列資料，直接郵遞（免貼郵票），即可成為奇光的會員，享有定期書訊與優惠禮遇。

姓名：＿＿＿＿＿＿＿＿＿　身分證字號：＿＿＿＿＿＿＿＿＿

性別：□女　□男　生日：

學歷：□國中（含以下）　□高中職　　□大專　　　□研究所以上

職業：□生產\製造　□金融\商業　□傳播\廣告　□軍警\公務員
　　　□教育\文化　□旅遊\運輸　□醫療\保健　□仲介\服務
　　　□學生　　　□自由\家管　□其他

連絡地址：□□□＿＿＿＿＿＿＿＿＿＿＿＿＿＿＿＿＿

連絡電話：公（　）＿＿＿＿＿＿＿　宅（　）＿＿＿＿＿＿＿

E-mail：＿＿＿＿＿＿＿＿＿＿＿＿＿＿＿＿＿＿＿

■您從何處得知本書訊息？（可複選）

　□書店　□書評　□報紙　□廣播　□電視　□雜誌　□共和國書訊
　□直接郵件　□全球資訊網　□親友介紹　□其他

■您通常以何種方式購書？（可複選）

　□逛書店　□郵撥　□網路　□信用卡傳真　□其他

■您的閱讀習慣：

文　　學　□華文小說　　□西洋文學　　□日本文學　　□古典　　□當代
　　　　　□科幻奇幻　　□恐怖靈異　　□歷史傳記　　□推理　　□言情
非文學　□生態環保　　□社會科學　　□自然科學　　□百科　　□藝術
　　　　　□歷史人文　　□生活風格　　□民俗宗教　　□哲學　　□其他

■您對本書的評價（請填代號：1.非常滿意 2.滿意 3.尚可 4.待改進）

　書名＿＿　封面設計＿＿　版面編排＿＿　印刷＿＿　內容＿＿　整體評價＿＿

■您對本書的建議：

電子信箱：lumieres@bookrep.com.tw

傳真：02-86671065

客服專線：0800-221029

Lumières
奇光出版

請沿虛線對折寄回

231
新北市新店區民權路108-1號4樓

奇光出版　　收